高等学校电子信息学科"十三五"规划教材·电子通信类

近代物理实验

主　编　吴兴林　代少玉

副主编　刘　伟

主　审　李平舟

U0378030

西安电子科技大学出版社

内 容 简 介

　　本书按照教育部高等学校物理类专业教学指导委员会制定的应用物理学专业教学要求编写，符合应用物理学专业认证要求及新工科的特点。本书共计 17 个实验，既有近代物理学发展史中起重要作用的著名实验，也包含现代的实验技术，如 CCD 测量技术、超声成像和红外成像技术、磁共振技术、微波技术等。

　　书中大多实验都包含数据处理示例及相关知识拓展，以帮助读者进一步理解所学内容。

　　本书可作为高等院校理工科本科生和研究生的近代物理实验课程的教材或参考书。

图书在版编目(CIP)数据

近代物理实验/吴兴林，代少玉主编 . —西安：西安电子科技大学出版社，2018.12
ISBN 978 - 7 - 5606 - 5111 - 8

Ⅰ. ① 近… Ⅱ. ① 吴… ② 代… Ⅲ. ① 物理学—实验—高等学校—教材
Ⅳ. ① O41 - 33

中国版本图书馆 CIP 数据核字〔2018〕第 236446 号

策划编辑	刘玉芳　刘小莉
责任编辑	刘玉芳　毛红兵
出版发行	西安电子科技大学出版社(西安市太白南路 2 号)
电　　话	(029)88242885　88201467　　邮　编　710071
网　　址	www. xduph. com　　　　电子邮箱　xdupfxb001@163.com
经　　销	新华书店
印刷单位	陕西利达印务有限责任公司
版　　次	2019 年 1 月第 1 版　2019 年 1 月第 1 次印刷
开　　本	787 毫米×1092 毫米　1/16　印张　10.5
字　　数	249 千字
印　　数	1～2000 册
定　　价	25.00 元

ISBN 978 - 7 - 5606 - 5111 - 8/O

XDUP 5413001 - 1

＊ ＊ ＊ 如有印装问题可调换 ＊ ＊ ＊

前　　言

当今社会正处于一个科学技术迅速发展的时代，高新技术层出不穷，而物理学是技术的基础。没有 20 世纪以来以相对论和量子力学为理论基础的近代物理学的巨大发展，就没有今天的计算机、激光和光通信、核能、纳米科学和技术等各种各样的高新技术。《近代物理实验》不仅能使学生生动直观地观察和学习在近代物理学发展史中起过重要作用的著名实验，领会著名物理学家的物理思想和实验设计思想，进一步巩固和理解以前学到的理论知识，而且可以掌握科学实验中一些不可缺少的现代实验技术，如 CCD 测量技术、超声成像和红外成像技术、磁共振技术、微波技术等。通过这些实验的训练，学生不但可以理解近代物理学的基本原理，学习科学实验的方法、自动化测量的系统设计方法和实验技术，而且可以进一步培养学生的科学实验作风和进行科学研究的能力。

本书根据"高等工科学校物理实验基本要求"，结合电子信息类院校的特点以及我校应用物理学专业和电子信息科学与技术专业多年教学实践经验编写而成。

吴兴林负责全书的编写，代少玉、刘伟参与其中部分实验的测量及修订，李平舟负责全书的审稿。由于时间仓促，书中不足之处在所难免，真诚欢迎读者和同行予以指正。

编者

2018.7

目　录

实验一　光电效应及普朗克常数的测定实验

　　光电效应是赫兹于1887年首先发现的，这一发现对认识光的本质具有极其重要的意义。1905年，爱因斯坦从普朗克的能量子假设中得到启发，提出光量子的概念，成功地说明了光电效应的实验规律。1916年，密立根以精确的光电效应实验证实了爱因斯坦的光电方程，测出的普朗克常数与普朗克按绝对黑体辐射定律得到的计算值完全一致。爱因斯坦和密立根分别于1921年和1923年获得诺贝尔物理学奖。

　　光电效应的应用极为广泛。用光电效应原理制成的光电管、光电倍增管及光电池等各种光电器件，是光电自动控制、有声电影、电视录像、传真和电报等设备中不可缺少的器件。

一、实验目的

　　(1) 通过光电效应实验加深对光的量子性的理解。

　　(2) 测量光电管的伏安特性曲线，正确找出不同光频率下的截止电压。

　　(3) 验证爱因斯坦光电方程，求出普朗克常数。

二、实验仪器

　　光源：50 W卤钨(溴钨)灯；

　　聚光器：凸透镜($f=70$ mm)；

　　单色仪：WGD-100型光栅单色仪；

　　光电接收和微电流测量放大器：GD-31A型光电管、微电流放大器、±2 V稳压电源、数字电压表和指针式微安表；

　　磁性底座：二维调节底座(SZ-02)1个，普通底座(SZ-04)1个；

　　工作台：长×宽×高＝700 mm×180 mm×100 mm，台面上有钢板尺。

三、实验原理

1. 光电效应及其规律

　　在光的照射下，从金属表面释放电子的现象称为光电效应。光电效应有以下基本规律：

　　(1) 单位时间内，受光照的金属板释放出来的电子数和入射光的强度成正比。

　　(2) 光电子从金属表面逸出时具有一定的动能，最大初动能等于光子能量与电子的电荷量和遏止电压的乘积，与入射光的强度无关。

　　(3) 光电子从金属表面逸出时的最大初动能与入射光的频率成线性关系。当入射光的频率小于ν_0时，不管入射光的强度多大，都不会产生光电流。

2. 光量子论与爱因斯坦光电效应方程

按照光子理论，光电效应可解释为：当金属中的一个自由电子从频率为 ν 的入射光中吸收一个光子后，就获得能量 $h\nu$，h 为普朗克常数。如果 $h\nu$ 大于电子从金属表面逸出时所需的逸出功 A，这个电子就可从金属中逸出。根据能量守恒定律，应有

$$h\nu = \frac{1}{2}mv_{\mathrm{m}}^2 + A \tag{1-1}$$

式中，$\frac{1}{2}mv_{\mathrm{m}}^2$ 是光电子的最大初动能。式(1-1)称为爱因斯坦光电效应方程。爱因斯坦光电效应方程表明，光电子的初动能与入射光的频率成线性关系。入射光的强度增加时，光子数也增多，因而单位时间内光电子数目也将随之增加，这就很自然地说明了光电子数与光的强度之间的正比关系。

假定 $\frac{1}{2}mv_{\mathrm{m}}^2 = 0$，则由式(1-1)可得

$$\nu_0 = \frac{A}{h}$$

这表明频率为 ν_0(遏止频率)的光子具有发射光电子的最小能量。如果光子频率低于 ν_0，无论光子数目多大，单个光子都没有足够的能量去激发光电子，所以遏止频率相当于电子所吸收的能量全部消耗于电子的逸出功时入射光的频率。

3. 普朗克常量的测量

图 1-1 为普朗克常量实验装置的光电原理图。卤钨灯发出的光束经透镜 L 会聚到单色仪 M 的入射狭缝上，从单色仪出射狭缝发出的单色光投射到光电管的阴极金属板 K 上，释放光电子(发生光电效应)，A 是集电极(阳极)。由光电子形成的光电流可以用微安表测量。在保持光照射不变的情况下，如果在 AK 之间施加反向电压(集电极为负电位)，则光电子就会受到电场的阻挡作用。当反向电压足够大，达到 U_0 时光电流降到零，U_0 就称做遏止电压。不难理解，遏止电压与光电子最大初动能之间有如下关系：

$$\frac{1}{2}mv_{\mathrm{m}}^2 = eU_0 \tag{1-2}$$

将式(1-2)代入式(1-1)，并加以整理，即有

$$U_0 = \frac{h}{e}\nu - \frac{A}{e} \tag{1-3}$$

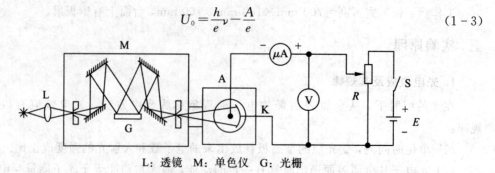

L：透镜 M：单色仪 G：光栅

图 1-1 普朗克常量实验装置的光电原理图

测出不同频率 ν 的入射光所对应的遏止电压 U_0，可作 $U_0 \sim \nu$ 图线。由直线斜率 h/e 可求得普朗克常数 h，即选择不同频率的入射光照射光电管，测量光电管的伏安特性曲线，

从伏安特性曲线中找到光电流为零时所对应的电压即为遏止电压。实际测量的光电管伏安特性曲线存在某些干扰，主要有：

（1）存在暗电流和本底电流。在完全没有光的照射下，由光电管阴极本身的电子热运动所产生的电流称为暗电流。外界各种漫反射光照射到光电管阴极所形成的电流称为本底电流。

（2）存在阳极电流。光电管在制造和使用时，阳极不可避免地被阴极材料所沾染。在光的照射下，被沾染的阳极也会发射光电子并形成阳极电流，在光电管加反向电压时，该电流流向与阴极电流流向相反。上述原因致使实测曲线光电流为零时所对应的电压并不是遏止电压。因此，真正的遏止电压 U_0 不是伏安特性曲线上的 A 点，而是 B 点，如图 1-2 所示。

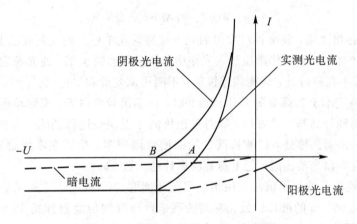

图 1-2　光电管的伏安特性曲线

四、实验内容

（1）参照图 1-3 安置仪器，调节实验装置使其同轴等高。

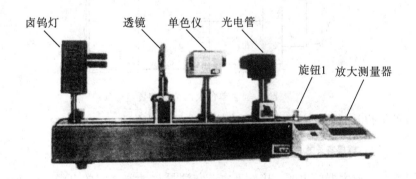

图 1-3　普朗克常量实验装置

（2）接通卤钨灯电源，使光束会聚到单色仪的入射狭缝上（缝宽可取较宽一挡：0.3 mm）。

（3）调节单色仪（WGD-100 小型光栅单色仪），如图 1-4 所示。

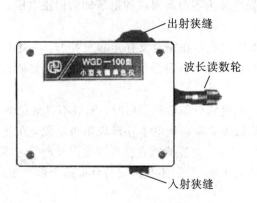

图 1-4　WGD-100 型小型光栅单色仪

① 将透镜移出光路，使卤钨灯发出的光直接照射在单色仪的入射狭缝上，并使光源的光斑与入射狭缝对称。然后将透镜放入光路中，前后移动透镜架，使光源发出的光成像在入射狭缝处，若不在狭缝处，只能调透镜架，不能再调光源和单色仪。

② 理想的单色仪，当螺旋测微计调到 0 时，应输出较强白光，实际单色仪存在 0 点误差。对系统的同轴等高基本调好后，需对单色仪的零点误差进行消除。方法是：用一张白纸放在单色仪的出射狭缝处，将波长读数轮的读数调到零，然后在零线附近微微地旋转，调节到白纸屏有强白光输出时，记下螺旋测微计的读数 x_0。

③ 单色仪输出的波长示值是利用螺旋测微计读取的，如图 1-5 所示。鼓轮每旋转一周移动的距离是 50 nm 的波长。鼓轮左端的圆锥台周围均匀地划分成 50 个小格，每小格对应 1 nm。当鼓轮的边缘与横轴上的"0"刻线重合时，波长示值为 0.0 nm。而当鼓轮边缘与横轴上的"5"刻线重合时，波长示值为 500.0 nm。

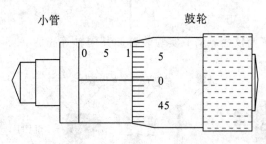

图 1-5　单色仪的读数装置

单色仪的输出波长与螺旋测微计的读数 x 满足线性关系：

$$\lambda = K(x - x_0), \quad K = \frac{100.0 \text{ nm}}{1.000 \text{ mm}}$$

（4）切断测量放大器的电源，接好光电管与测量放大器之间的电缆，再通电预热 20～30 分钟后，调节该测量放大器的零点位置。

（5）测量光电管的伏安特性。

① 取下暗盒盖，让光电管对准单色仪出射狭缝（注意：将光电管的接收靶面套进单色仪出射狭缝管里，以减小环境光的影响）。按上述螺旋测微计与波长示值的对应规律，在可见光范围内选择一种波长输出（注意：在选择不同波长时应修正零点误差）。根据光电流

的大小，选择适当的倍率按键，使微安表的指针指示在表盘中间范围。

② 调节测量放大器的"旋钮1"，改变外加直流电压。从−1.000 V起，缓慢调高外加直流电压直至0.200 V，先注意观察一遍电流变化情况，记住使电流开始明显升高时的电压值。

③ 逐步增加遏止电压，读取对应的电流值。在上一步观察到的电流起升点的附近，增加监测密度，以较小的间隔采集数据（电流转为正值后，按下正负转换键）。

④ 选择适当间隔的另外4种波长光进行同样测量，记录数据于表1-1中。

表1-1　测量数据表格

反向电压/V	404.0 nm	435.0 nm	546.0 nm	577.0 nm	600.0 nm
	电流/μA	电流/μA	电流/μA	电流/μA	电流/μA
−1.00					
−0.90					
−0.80					
−0.70					
−0.60					
−0.50					
−0.40					
−0.30					
−0.20					
−0.10					
0					
0.10					
0.20					

五、注意事项

（1）测量微电流时，必须确认表针停稳后才可以读数。

（2）实验中要注意可能出现的微电流计指针的漂移现象。遇短时间的漂移，实验可暂停片刻；对数据有较大影响时，部分测量可以重做；若电网电压波动较大，卤钨灯宜配接交流稳压器。

六、数据处理

（1）在直角坐标纸上分别作出被测光电管在5种波长（频率）光照射下的伏安特性曲线，在这些曲线上找到并标出遏止电压U_0，填入表1-2。

表 1-2　测量数据表格

波长 λ/nm	404.0	435.0	546.0	577.0	600.0
频率 $\nu(\times 10^{14})$/Hz					
遏止电压 U_0/V					

（2）根据表 1-2 数据作 $U_0 \sim \nu$ 关系图，从图中求该直线的斜率，并计算普朗克常量 $h(e=1.602\times10^{-19}\text{C})$。

（3）计算测得普朗克常量的相对误差。

七、思考题

（1）从遏止电压 U_0 与入射光频率 ν 的关系图线，你能确定阴极材料的逸出功吗？

（2）如果某材料的逸出功为 2.0 eV，用它做成光电管阴极时的遏止波长是多少？

实验二　透射式超声成像实验

本实验利用的是超声波在水中传播时被物体阻挡后衰减的机理。超声成像实验仪通过换能器发射和接收信号，接收的电压信号送入单片机数据采集系统的一个通道，数据采集系统的另一通道采集换能器的跃变位置信息，并将数据提供给成像程序，实验仪通过 USB 接口与 PC 连接进行通信，利用图像重建技术在 PC 的屏幕上把物体某一断层的截面图再现出来。

一、实验目的

（1）了解透射式超声成像的原理。

（2）掌握透射式超声成像仪的使用方法。

（3）以实际目标样品为例，通过实际操作，完成一定的测量训练。

（4）拓展由二维断面扫描成像扩展到三维立体成像技术。

二、实验仪器

计算机，FB219A 型超声成像实验仪。超声成像实验仪由圆筒形旋转储水槽、扫描运动控制器、超声换能器、数据采集系统及计算机辅助软件、USB 专用连接线等组成，如图 2-1 所示。

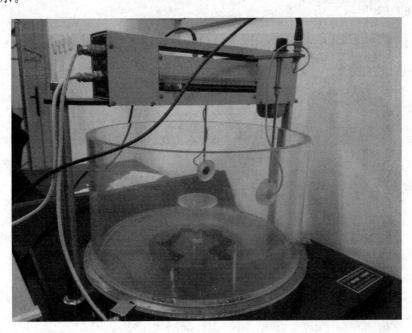

图 2-1　实验仪器

三、实验原理

透射式超声成像实验是指利用图像重建技术，在计算机的辅助下得到一个二维的断面参数分布图像。超声 CT 系统由两个相对的超声换能器来完成超声波的发射、接收工作，换能器安装在一个旋转架上，采集各个角度下的边缘位置。实验过程中由单片机自动生成数据文件，然后由成像程序调用此数据文件生成图像，最终可以得到被探测对象各断面的图像。

实验装置主要由以下几部件组成。

1. 实验水槽（定标/扫描执行控制箱）

如图 2-1 所示，图中水槽中心的托盘上放置被测物体。支架上装有传动装置，通过电机的转动可带动滑杆平行移动，两个换能器固定在滑杆上，通过调节滑杆，保持换能器正面相对。"发射换能器"用 Q9 同轴电缆接到超声波测试仪的传感器"输出"插座，"接收换能器"用 Q9 同轴电缆接到超声波测试仪的传感器"输入"插座，换能器的"位置参数"通过电路转换成电压信号，送入数据采集系统。

2. 超声成像实验仪

超声成像实验仪（如图 2-2 所示）是整个 CT 实验的中心，它通过发射电路和接收电路与石英晶体换能器相连。由于晶体表面的压电效应，使它可以将机械波与振荡电路所产生的连续脉冲进行转换。在发射端，电路中的高频方波信号加在压电晶体上，由于逆压电效应，晶体表面产生相应的机械振动，带动空气或水随之振动，形成超声波；在接收端，由压电效应把机械振动波转换成电信号。因为选用了优质的换能器，保证了发射的超声波的波束非常窄，方向性很好，其测量精度可高达毫米的数量级。仪器面板上的插座 3（信号放大输出），其内部已接通，外部无需连接，只用于调试检测。超声成像实验仪与实验水槽连线示意图如图 2-3 所示。

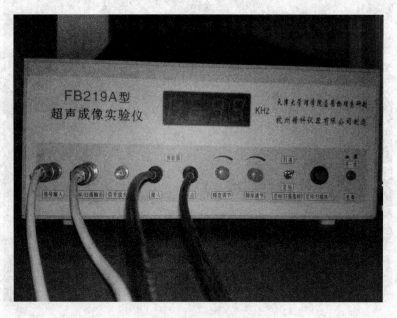

图 2-2　超声成像实验仪

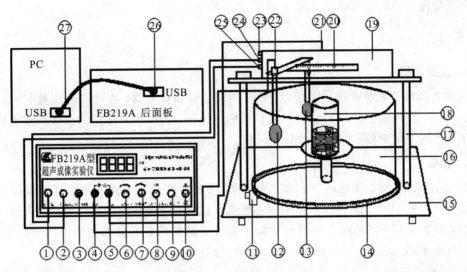

1—信号输入、定标信号输入；2—定标/扫描输出；3—信号放大输出；4—输入；5—输出；6—幅度调节；
7—频率调节；8—定标/扫描选择；9—定标扫描执行；10—仪器电源开关；11—旋转水槽制动器；
12—接收超声换能器；13—发射超声换能器；14—转盘刻度；15—水槽底座；16—可旋转水槽；17—支架；
18—被测物体；19—定标/扫描执行控制箱；20—定标刻度尺；21—发射换能器接口；22—接收换能器接口；
23—定标信号输出；24—信号输出；25—定标/扫描输入；26—仪器后面板 USB 接口；27—微机 USB 接口

图 2-3　超声成像实验仪结构及接线图

3. 数据采集系统(安装在实验仪内)

数据采集系统是指由单片机组成的数据采集系统，可以实现计算机辅助软件控制下的
自动数据采集。

4. 计算机

超声成像实验仪通过 USB 接口与计算机连接，对计算机一般无
特殊要求，只要安装 Windows98 以上的系统，带有 USB 接口的计算
机都能适用。实验前需要在计算机上安装一个实验应用辅助软件，
并在桌面上创建快捷图标(图 2-4)。同时安装随带的 USB 接口驱
动程序，以便在首次使用时帮助计算机识别实验仪器，实现正常
通信。

图 2-4　"快捷"图标

5. 分压电路

实验中需要换能器在电压跃变时的位置信息，这就需要把位置信息转换成可供单片机
处理的电信号。该实验仪采用一个专门的同步机构，使滑块与分压电路相连，滑块移动
时，相当于滑线变阻器的滑动触点在同步移动，对应的分压比也同步变化，从而获得与位
置信息相对应的电压信号。当滑杆行进过程中，信号幅度发生跃变时，单片机采集到该位
置对应的电压信号，然后由定标程序将电压数值再还原为位置信息。

6. 放大电路(安装在实验仪内)

由于换能器接收到的信号较小，所以需要通过接口电路进行处理，将采集到的信号进
行放大、整形处理后，再送入仪器内部的单片机。用这种方法既可以提高单位距离的分辨

率，又能提高电路的相对稳定性。

四、实验内容

1. 位置定标

对换能器的行程位置进行定标，按软件的提示移动换能器，在不同的位置有相应的定标电压输出，把换能器的位置量转换成相应的电压值，当实验者按提示步骤操作完成定标后，在计算机上可观察到"定标数据拟合图"。

2. 扫描

转动储水槽，使物体转动一个选定的角度（设置角度的步进值应考虑其能够被 180°整除，以便可以把 180°分成整数份），移动换能器，这时对物体进行超声波扫描，来回一个循环之后，计算机获得相应的一组扫描数据。通过多次扫描获得被测物体的扫描数据文件，并存储在计算机中。

3. 成像

在计算机辅助软件的帮助下，对获得的存储扫描信息进行处理，将采集到的电压值转换成对应的长度量，在计算机屏幕上生成物体的断面图像。

实验的具体步骤如下：

（1）按图 2-3 所示接线，将超声成像实验仪的"传感器输入"与"传感器输出"分别用 Q9 同轴电缆与两换能器插座连接；实验仪的"信号输入"插座用七芯线与"定标/扫描执行控制箱"的"信号输出"插座连接。

（2）将被测物体置于圆筒托盘上，并确保在整个实验过程中不被移动。打开超声层析成像实验仪的计算机辅助软件，屏幕上将显示如图 2-5 所示的主界面。

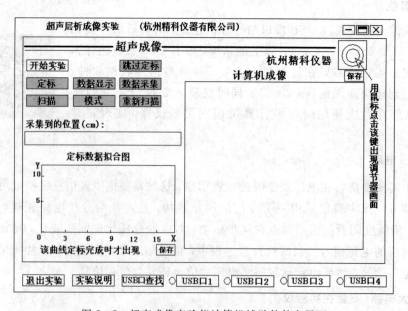

图 2-5　超声成像实验仪计算机辅助软件主界面

（3）如果该计算机是第一次使用该实验仪，那么需要先运行一下 USB 驱动程序，以后就不需要了。

（4）单击"USB口查找"，屏幕上弹出"USB端口查找及监视"窗口（图2-6），用鼠标点击"端口句柄查找"，则会显示出USB口的序号（图2-5），接着用鼠标选定主界面上相应编号的USB口。计算机弹出一个小标签，提示："OK端口正确"。

（5）把仪器面板上的"定标/扫描"选择开关往下拨到"定标"位置，点击主界面上的"开始实验"按钮→"定标"按钮，按菜单提示手动把标尺移到指定的定标位置（3 cm）处，按下仪器面板上的"定标/扫描"执行键，控制器会自动将滑杆移到指定位置处并停止。

点击"数据采集"按钮→"数据显示"按钮，菜单提示把滑杆移到6 cm处，再依次把滑杆移到指定位置9 cm、12 cm、15 cm处，重复以上操作步骤，直到定标完成。

（6）点击"确定"按钮，完成定标，屏幕会出现图2-7所示的定标曲线。把仪器面板上的"定标/扫描"选择键往上拨到"扫描"位置，这时候，换能器将自动移回到扫描起点0 cm处。

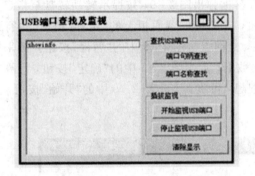

图2-6 查找通讯接口的正确位置界面图

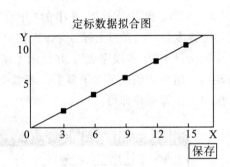

图2-7 定标拟合曲线

（7）点击"扫描"按钮（或点击主界面2-5右上角的箭头指示图标），会弹出调节器画面（图2-8），在弹出的"接收换能器最大值调节"对话框中点击"开始读数"按钮。仔细调节换

图2-8 调节器显示界面图

能器的方向，使两个换能器端面保持平行，然后调节实验仪的输出频率为 850 kHz 左右（该实验仪输出频率的调节范围是 800～900 kHz），再仔细调节超声成像实验仪的"输出幅度"旋钮，使软件读数窗口显示的电压值在 6.5～8.5 V 范围，再细调频率，使这个电压值为最大。当电压值稳定 30 s 后，点击"停止读数"按钮，这时，图中将显示出低点和高点阈值，如不希望修改显示的上、下电压阈值，可接着点击图 2-8 中的"确定"按钮，图中将显示出低点和高点阈值（如果点击"默认值"按钮，则低点和高点阈值分别为上次设置的数值如 3 V 和 6 V。）

（8）接下来对扫描参数进行设置：点击图 2-5 中的"模式"按钮，在弹出的"模式选择"对话框中输入转盘每次转动角度值的设定值（注：设定值必须是 180°的约数，预设值越小分辨率越高，但实验时间会相应延长）。仪器显示的默认值是"30°"，如不想修改，直接点击小标签中的"确定"按钮即完成设定程序。图 2-5 中的"模式"按钮转换成"开始扫描"。

（9）点击图 2-5 中的"开始扫描"按钮，屏幕上弹出图 2-9，按提示转动转盘至指定角度（如"30°"），再点击图 2-9 中的"开始"按钮，立即按仪器面板上的"定标/扫描"执行键后，换能器会自动来回采样，等一次扫描完成，立即点击图 2-9 中的"暂停"按钮。若采样成功则会显示"本步骤完成"，并显示 4 组采集数据；点击图 2-5 中的"确定"按钮，计算机自动将一组平均值显示在屏幕上。若数据不理想，可重新点击图 2-9 中的"开始"按钮，其余按以上步骤操作即可。

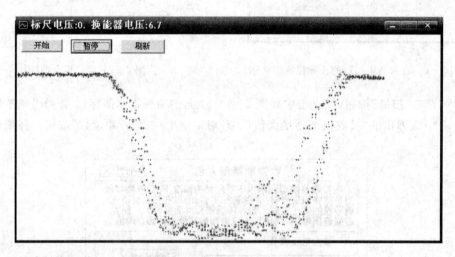

图 2-9　多次扫描与数据采集点阵

（10）把转动角度依次调节到 60°、90°、120°、150°，重复步骤（9）。（如果有某一组数据在点击"确定"按钮后感觉不满意，可以通过点击"重新扫描"按钮把原来的数据替换掉，不需要从头开始重做）。若希望前一次的扫描轨迹不影响观察扫描视线，可点击图 2-9 中的"刷新"按钮清除掉前面所有轨迹线。

（11）接着两次点击图 2-5 中的"确定"按钮，这时候，"确定"按钮转变为"成像"按钮，再点击"成像"按钮，计算机主界面上显示与图 2-10 类似的成像图形，至此实验完成。

（12）利用右上角的"保存图像"按钮保存截面图或打印。

（13）在步骤（10）以后，任何时候想调用调节器，只需用鼠标点击图 2-5 中右上角的方框即可。

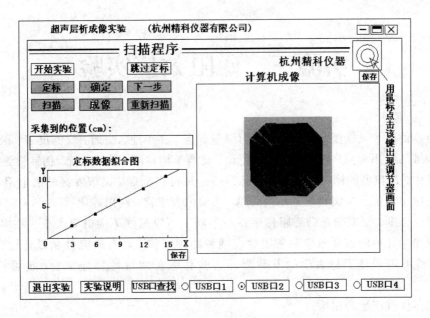

图 2-10 超声成像实验仪计算机成像结果显示

五、测量实例

每次转动 12 度的数据记录如表 2-1 所示（圆柱形玻璃瓶在各个角度下物体边缘的位置信息表）。

表 2-1 数据记录

角度/度	跃变位置 1	跃变位置 2	跃变位置 2′	跃变位置 1′
0.0	13.92	4.26	6.01	15.43
12.0	14.24	4.44	6.20	15.51
24.0	14.20	4.53	6.48	15.69
36.0	14.46	4.68	6.49	15.82
48.0	14.58	4.80	6.64	15.88
60.0	14.62	4.84	6.71	16.00
72.0	14.50	4.96	6.90	16.12
84.0	14.62	5.00	6.87	16.13
96.0	14.69	5.00	6.75	16.16
108.0	14.69	5.00	6.80	16.13
120.0	14.46	4.92	6.91	16.05
132.0	14.46	4.80	6.71	16.01
144.0	14.35	4.72	6.60	15.89
156.0	14.29	4.57	6.33	15.75
168.0	14.11	4.45	6.41	15.55

实验三　磁阻效应实验

　　磁阻器件由于灵敏度高、抗干扰能力强等优点，在工业、交通、仪器仪表、医疗器械、探矿等领域的应用十分广泛，如数字式罗盘、交通车辆检测、导航系统、伪钞检测、位置测量等。其中，最典型的锑化铟(InSb)传感器是一种价格低廉、灵敏度高的磁电阻，有着十分重要的应用价值。本实验装置结构简单，实验内容丰富，利用砷化镓(GaAs)霍耳传感器测量磁感应强度，研究锑化铟磁阻传感器在不同磁感应强度下的电阻大小。在本实验中，学生可观测半导体的霍耳效应和磁阻效应两种物理规律，具有研究性和设计性实验的特点。本实验可用于理工科大学的基础物理实验和综合性设计物理实验，也可用于演示实验。

　　磁阻器件有广泛的用途：

　　(1) 用于测定通过电磁铁的电流 I_m 与磁铁间隙中磁感应强度 B 的关系，观测 GaAs 霍耳传感器的霍耳效应。

　　(2) 在不同的磁感应强度区域，研究 InSb 磁阻传感器的电阻值变化率 $\Delta R/R(0)$ 与磁感应强度 B 的关系，求出经验公式。

　　(3) 外接信号发生器，可用于深入研究磁电阻的交流特性(倍频效应)，观测其特有的物理现象。

一、实验目的

　　(1) 测量锑化铟传感器的电阻与磁感应强度的关系。

　　(2) 作出锑化铟传感器的电阻变化率与磁感应强度的关系曲线。

　　(3) 对此关系曲线的非线性区域和线性区域分别进行拟合，求出相应的关系式。

二、实验仪器

　　(1) 实验采用 FD‑MR‑Ⅱ 型磁阻效应实验仪，图 3‑1 为该仪器面板示意图。

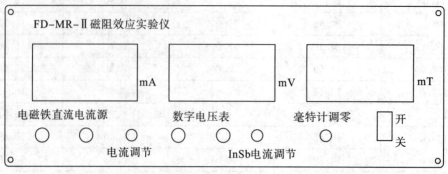

(a)

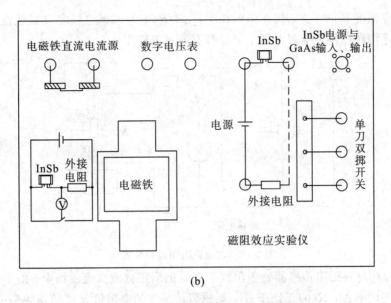

(b)

图 3-1 磁阻效应实验仪面板示意图

(2) 磁阻效应实验仪包括直流双路恒流电源、0~2 V 直流数字电压表、电磁铁、数字式毫特计(GaAs 作探测器)、锑化铟(InSb)磁阻传感器、电阻箱、单刀双掷开关及导线等。仪器连接如图 3-1 所示。

三、实验原理

一定条件下，导电材料的电阻值 R 随磁感应强度 B 的变化规律称为磁阻效应。如图 3-2所示，当半导体处于磁场中时，导体或半导体的载流子将受洛仑兹力的作用，发生偏转，在两端产生积聚电荷并产生霍耳电场。如果霍耳电场作用和某一速度载流子的洛仑兹力作用刚好抵消，那么小于或大于该速度的载流子将发生偏转，因而沿外加电场方向运动的载流子数量将减少，电阻增大，表现出横向磁阻效应。若将图 3-2 中的 a 端和 b 端短路，则磁阻效应更明显。通常以电阻率的相对改变量来表示磁阻的大小，即用 $\Delta\rho/\rho(0)$ 表示。其中，$\rho(0)$ 为零磁场时的电阻率，设磁电阻在磁感应强度为 B 的磁场中电阻率为 $\rho(B)$，则 $\Delta\rho = \rho(B) - \rho(0)$。由于磁阻传感器的电阻相对变化率 $\Delta R/R(0)$ 正比于 $\Delta\rho/\rho(0)$，这里 $\Delta R = R(B) - R(0)$，因此也可以用磁阻传感器的电阻相对变化率 $\Delta R/R(0)$ 来表示磁阻效应的大小。

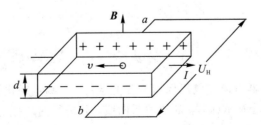

图 3-2 磁阻效应原理图

图 3-3 所示的实验装置用于测量磁电阻的电阻值 R 与磁感应强度 B 之间的关系。实验证明，当金属或半导体处于较弱磁场中时，一般磁阻传感器的电阻相对变化率 $\Delta R/R(0)$

正比于磁感应强度 B 的平方，而在强磁场中，$\Delta R/R(0)$ 与磁感应强度 B 成线性关系。磁阻传感器的上述特性在物理学和电子学方面都有着重要应用。

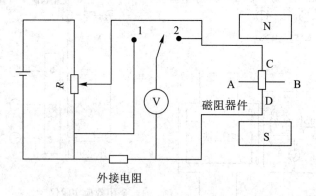

图 3-3　测量磁电阻实验装置

如果半导体材料磁阻传感器处于角频率为 ω 的弱正弦波交流磁场中，由于磁阻传感器的电阻相对变化率 $\Delta R/R(0)$ 正比于 B^2，则磁阻传感器的电阻值 R 将随角频率 2ω 作周期变化，即在弱正弦波交流磁场中，磁阻传感器具有交流电倍频性能。若外界交流磁场的磁感应强度 B 为

$$B = B_0 \cos\omega t \qquad (3-1)$$

式中，B_0 为磁感应强度的振幅，ω 为角频率，t 为时间。

设在弱磁场中，有

$$\frac{\Delta R}{R(0)} = KB^2 \qquad (3-2)$$

式中，K 为常量。由式(3-1)和式(3-2)可得

$$
\begin{aligned}
R(B) &= R(0) + \Delta R = R(0) + R(0) \times \left[\frac{\Delta R}{R(0)}\right] \\
&= R(0) + R(0)KB_0^2 \cos^2\omega t \\
&= R(0) + \frac{1}{2}R(0)KB_0^2 + \frac{1}{2}R(0)KB_0^2 \cos 2\omega t
\end{aligned}
\qquad (3-3)
$$

式中，$R(0) + \dfrac{1}{2}R(0)KB_0^2$ 为不随时间变化的电阻值，而 $\dfrac{1}{2}R(0)KB_0^2 \cos 2\omega t$ 为以角频率 2ω 作余弦变化的电阻值。因此，磁阻传感器的电阻值在弱正弦波交流磁场中将产生倍频交流电阻阻值变化。

四、实验内容

1. 必做内容

在锑化铟磁阻传感器电流或电压保持不变的条件下，测量锑化铟磁阻传感器的电阻与磁感应强度的关系。作 $\Delta R/R(0)$ 与 B 的关系曲线，并进行曲线拟合（实验时注意 GaAs 和 InSb 传感器的工作电流应小于 3 mA）。

2. 选做内容

如图 3-4 所示，将电磁铁的线圈引线与正弦交流低频发生器输出端相接；锑化铟磁阻

传感器通以 2.5 mA 直流电,用示波器观察磁阻传感器两端电压与电磁铁两端电压形成的李萨如图形,如图 3-5 所示,可证明在弱正弦交流磁场情况下,磁阻传感器具有交流正弦倍频特性。

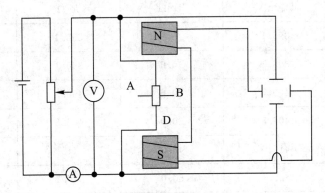

图 3-4　观察磁阻传感器倍频效应电路图

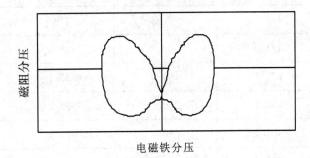

图 3-5　合成倍频效应李萨如图形

3. 磁阻效应测量仪器使用方法

(1) 直流励磁恒流源与电磁铁输入端相联,调节输入电磁铁的电流大小,可改变电磁铁间隙中磁感应强度的大小。

(2) 按图 3-3 所示将锑化铟磁阻传感器与电阻箱串联,并与可调直流电源相接,数字电压表的一端连接磁阻传感器电阻箱公共接点,另一端与单刀双向开关的刀口处相连。

(3) 调节通过电磁铁的电流,测量通过锑化铟磁阻传感器的电流值及磁阻器件两端的电压值,求磁阻传感器的电阻值 R,求出 $\Delta R/R(0)$ 与 B 的关系。

五、数据处理

测得取样电阻 $R=298.9\ \Omega$,令电压 $U=298.9$ mV,电流 $I_{取}=\dfrac{U}{R}=\dfrac{298.9}{298.9}=1.00$ mA,则数字电压表显示的电压值即为电阻 R 值,表 3-1 所示为电阻与磁场的关系。表中,U_R 数值即等于 R 值,I_M 为励磁电流,B 为磁铁间隙的磁感应强度。

1. 在 $B<0.06$ T 时

令 $\Delta R/R(0)=kB^n$,则 $\ln(\Delta R/R(0))=n\ln B+\ln k$,经直线拟合得 $n=1.97$,可知在 $B<0.06$ T 时,磁阻传感器的电阻变化率 $\Delta R/R(0)$ 与磁感应强度 B 成二次函数关系。

表 3 - 1 电阻与磁场的关系数据表

电磁铁	InSb	$B \sim \Delta R/R(0)$对应关系		
I_M/mA	U_R/mV	B/mT	R/Ω	$\Delta R/R(0)$
0	395.1	0.0	395.1	0
9.9	396.1	10.0	396.1	0.003
19	400.5	20.0	400.5	0.014
29	406.8	30.0	406.8	0.030
38	415.0	40.0	415	0.050
47	425.1	50.0	425.1	0.076
56	436.3	60.0	436.3	0.104
66	449.0	70.0	449	0.134
94	491.5	100.0	491.5	0.244
141	552.1	150.0	552.1	0.397
188	590.3	200.0	590.3	0.494
236	623.9	250.0	623.9	0.580
284	655.6	300.0	655.6	0.659
332	688.3	350.0	688.3	0.742
381	722.5	400.0	722.5	0.829
430	758.0	450.0	758.0	0.919
479	793.5	500.0	793.5	1.008

当 $B < 0.06$ T 时,拟合得到

$$\frac{\Delta R}{R(0)} = 29.2B^2$$

2. $B > 0.12$ T 时

令 $\Delta R/R(0) = k_1 B^{n_1}$,则 $\ln(\Delta R/R(0)) = n_1 \ln B + \ln k_1$,经直线拟合得 $n_1 = 0.8$,可知在 $B > 0.12$ T 时,磁阻传感器的电阻变化率 $\Delta R/R(0)$ 与磁感应强度 B 成一次函数关系。

当 $B > 0.12$ T 时,拟合得到

$$\frac{\Delta R}{R(0)} = 1.72B + 0.14$$

$\Delta R/R(0)$ 与 B 的关系曲线如图 3-6 所示。

利用最小二乘法,可求得相关系数 $r = 0.9996$,非常接近 1,因此该函数关系的线性程度非常高。

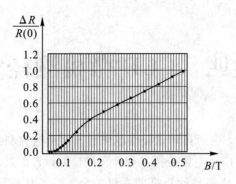

图 3-6　ΔR/R(0)与 B 的关系曲线图

六、思考题

（1）什么叫做磁阻效应？霍耳传感器为何有磁阻效应？

（2）锑化铟磁阻传感器在弱磁场中的电阻值和磁感应强度的关系与在强磁场中有何不同？这两种特性有什么应用？

实验四　CCD 微机测径实验

　　随着生产技术的发展，生产自动化程度越来越高，光电检测技术在工业、农业和国民经济各部门的应用越来越广泛。数控技术和计算机辅助设计的进步，促进了光电检测和光电传感技术的发展，CCD 技术与计算机的有机结合，可实时地将信息反馈给自动控制系统，促进了生产过程控制的自动化。

　　20 世纪 70 年代国际上出现的 CCD 光电传感器，是一种新型的固体成像器件，是光电成像领域里一种非常重要的高新技术产品，这种 CCD 光电传感器具有灵敏度高、光谱范围宽、动态范围大、性能稳定、工作可靠、几何失真小、抗干扰能力强，便于计算机处理等优点，在工业生产中得到了广泛应用，诸如冶金部门中各种管、线、带材轧制过程中的尺寸测量，光纤及纤维制造中丝径尺寸测量、控制机械产品尺寸测量、分类，产品表面评定，文字与图形识别，传真、光谱测量以及空间遥感等。

　　DM99CCD 微机测径实验仪为学生提供了一个基本的测量系统，侧重于测量方法的研究学习。

一、实验目的

　　(1) 学习和掌握线阵 CCD 器件的几种实时在线、非接触、高精度测量方法。
　　(2) 学习和掌握测量系统参数的标定方法。
　　(3) 对比和分析不同测量方法下，环境因素对测量精度的影响。

二、实验仪器

1. 仪器结构

　　DM99CCD 测径实验仪的外形结构如图 4-1 所示。

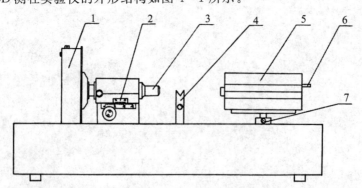

1—CCD 采集盒；2—显微镜座；3—显微物镜；4—测量架；5—半导体平行光源；
6—光源亮度调节；7—平行光源升降调节
图 4-1　测径实验仪结构图

2. 主要技术指标

(1) 测量范围：0.25～2.5 mm。

(2) 分辨率：0.2 μm（显微放大幅度切割法）；2 μm（显微放大梯度法）。

(3) 重复精度：±2 μm（显微放大梯度法）。

(4) 测量方式：显微放大成像法、平行光投影法。

(5) 信号处理方式：幅度切割法、梯度切割法。

3. 操作使用

(1) 安装连接。将 CCD 采集盒与数据盒相连，再将数据盒的 USB 接口插入计算机的 USB 槽内即可。电缆线的 DB15 插头接到数据盒，DB9 插头接到 CCD 采集盒。软件安装在此略去。

(2) 使用时，将平行光源盒上的电源打开，调节旋钮，使光强适中。在屏幕上看到的波形最高点在屏的顶部，并留有较多的起伏毛刺较为合适；如波形顶部很整齐则表示平行光源太强，需调小一些。

在测量架上放置一个待测物，前后调节显微物镜与测量物间的距离（即调焦），在屏幕上观察调焦效果。把主视窗上的一个蓝色选择框拖到曲线的边缘处，局部视窗显示出曲线边缘的精细结构。边缘越陡直，像元点越少即调焦越正确。调焦完成后就可以开始测量。

(3) 光路调整。仪器出厂时已将光学几何关系调好，一般不需再作调节，如为了训练学生的动手能力，或为了恢复因运输过程造成的失调，可作如下调整。

光路上下对准调节：松开显微镜侧面的一颗锁紧螺丝，将 CCD 采集盒和连接筒一并拔出；在原 CCD 采集盒处放置一张白纸；松开平行光源底部的一颗锁紧螺丝（须用一字形螺丝刀），缓缓升降平行光源，观察白纸上被测物的像，使其处于光斑中部，见图 4-2，然后重新锁紧螺丝，但不要锁死。

图 4-2　上下光斑位置

光路左右对准调节：把 CCD 采集盒重新装入显微镜座上，观察屏幕上波形曲线凹陷处（被测物的像）的底部应平整，不能有大的起伏。可缓缓左右转动平行光源，使曲线最佳，然后锁死平行光源底部的螺丝。

(4) 放大倍率调整。DM99 测径实验仪上配的显微物镜为 ×3，但与 CCD 感光面到显微物镜间的距离有关，改变这个距离，也就改变了放大倍数。

(5) 基线调整。CCD 没有受到光照部分输出的曲线称为"基线"，如图 4-3 所示。由于振动或温度变化等原因，"基线"有时会显得太高或太低，可作如下调节：

图 4-3　基线图

在软件主界面（见图 4-4）点击"数据处理"菜单，选中"禁止自动寻找测径范围"开关选项，然后找到 CCD 采集盒背面下方一个小孔，用钟表起子缓慢细心地调节里面的一只小电位器，调至基线位置合适时即可。再返回"数据处理"菜单，关闭"禁止自动寻找测径范围"开关选项，进入正常测径程序。

4. 软件介绍

1）软件概述

CCDDIA 软件的界面布局如图 4-4 所示，共分主视窗、局部视窗和信息区三大部分。

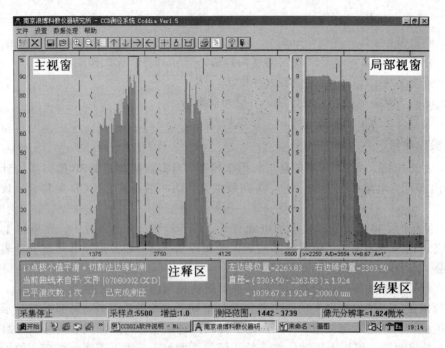

图 4-4　软件的主界面图

第一部分，主视窗。显示了所得曲线的全貌，CCDDIA 会动态地将所有采样点的数据压缩在这一区域内，但这也不可避免地引起了一些数据的丢失，为此，第二部分局部视窗提供了对曲线某一段可以精确到每一个采样点的观测，其他一些必需的信息和测量结果在第三部分中给出。

在主视窗里，横坐标标示了采样点的范围，左边的纵坐标代表了信号 A/D 转换结果的幅度，100% 处对应着最大值 4095。此处有一个蓝色的选择框，它所覆盖的曲线范围在局部视窗里精确显示。选择框的大小可动态地自行调整，用键盘的左、右方向键或将鼠标置于框内按下鼠标左键拖动即可。

第二部分，局部视窗。将选择框内的曲线完整精确地显示出来。当鼠标落在这个区间时，会弹出一条拾取线，它所对应的采样点的序号、A/D 转换值、原模拟电压值、放大倍率（在下文中介绍）将显示在此部分下的横条里。左边的纵坐标标示了输入信号在 A/D 转换前的模拟电压值，最高为 10 V。

在以上两部分中，测出的直径结果用蓝色标出。

第三部分，信息区。信息区的左边为注释区，指出了当前所采用的平滑和边缘检测方式、所显示曲线的来源、已平滑的次数和是否有了测径结果。右边为结果区，给出了测量结果。

菜单栏基本覆盖了菜单选项，它们的对应关系如图 4-5 所示。

图 4-5　菜单栏

(1)开始采集　(2)停止采集　(3)保存文件　(4)打开文件　(5)局部放大　(6)局部缩小　(7)预置选项
(8)增益增大　(9)增益减小　(10)采样点增加　(11)系统校准　(12)平滑处理　(13)边缘检测　(14)打印
(15)打印预览　(16)关于…　(17)退出

显示器的分辨率最好在 800×600 或以上，否则信息区的文字将不够美观和易识。

2）文件菜单

文件菜单如图 4-6 所示。

"开始采集"与快捷键 F11 相对应，将按设定的增益开始采集光强信号，在当前绘制线型（填充线、点线、实线）下，以选定的采样点长度为单位实时地分析处理并绘制出曲线。若光强仪未接好，CCDDIA 会在若干秒的检测等待后给出告警提示。

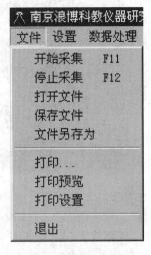

"停止采集"与快捷键 F12 相对应，将停止采集工作。停止工作前采到的最后一组数据图形将冻结保留在屏幕上。退出 CCDDIA 前应停止采集，否则将给出告警提示。

点击"打开文件"命令将弹出一个标准的 Windows 文件打开对话框，用于打开以前保存的 *.ccd（曲线）文件，并以当前的各种线型显示出来，但增益与采样点长度将更改为保存此曲线时的设定值。如果在采集中打开文件，原来的采集将停止。

图 4-6 文件菜单

"保存文件"用于将当前屏幕上的某幅数据图形（采集或停止时均可）保存至 CCDDIA 工作子目录下的 mmddxxxx.ccd 文件中。mm 表示月份，dd 表示日期，xxxx 是 0～9999 范围内的编号。每一个这样的文件中都包含了当时的采样点数、增益值及所有采样点的 A/D 转换值。

"文件另存为"可由用户指定文件存放的位置，其余功能同上。

"打印"、"打印预览"和"打印设置"提供了一组标准的 Windows 打印管理组件，用于打印指定数据文件的图形。需要注意的是，用不同打印机获得的图形是不同的。举例来说，针式打印机一幅页面只能打出 2200 个采样点，而喷墨打印机可以打出 3400 个，激光打印机则更多，因此，一帧采样长度为 3000 的曲线，在以上三种打印机下可能各需 2 页、1 页和半页纸。另外，也可以根据需要选择横向打或竖向打。

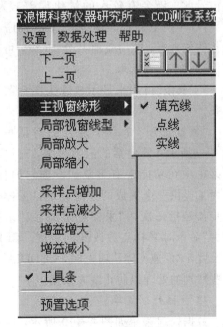

"退出"将结束 CCDDIA 的运行。如果未停止采集，将弹出一个告警框。

3）设置菜单

"上一页"与"下一页"对应的快捷键为"Page-Up"与"PageDown"，如图 4-7 所示，它们将导致主视窗中选择框的左右移动，相应地在局部视窗中显示的曲线也会发生变化。

主视窗线型包括三种：填充线、点线和实线；局部视窗线型只有两种：填充线和点线，如图 4-8 所示。

图 4-7 设置菜单

 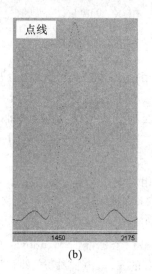 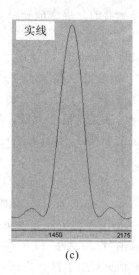

　　　　(a)　　　　　　　　　　　(b)　　　　　　　　　　　(c)

图 4-8　主视窗线型

　　"局部放大"与"局部缩小"可以用来对局部视窗里的曲线进行缩放操作。局部视窗下方横条里的 A 值表明了放大倍率,每执行一次此命令,A 值加 1 或减 1。当 A 大于 1 时,显示出的两采样点是不连续的,当拾取线落在空白区域里时,横条里只显示 A 值而无其他数据。

　　"采样点增加"与"采样点减少"用于控制采样点数,其变化步长(或称增幅)在"预置选项"中设定。

　　"增益增大"与"增益减小"用于改变增益值。不同的光学测量环境,其 CCD 光强仪的输出信号幅度相差很大;另一方面,A/D 转换器件虽然已选用了较精密的 12 位器件,但在小信号时,仍会有较大的量化误差。为此,在 A/D 转换电路前设置了一个由程序控制增益的放大器,此增益值共分 16 级,可以根据信号大小适当选取。

　　"工具条"可用来显示或隐去图标菜单工具条。

　　"预置选项"是一个复合的对话框,如图 4-9 所示,其包括的内容很多,有些与其他菜单项在功能上有重复。设置它的目的,是为了提供一个集成的控制环境。采样点变化步长是指每次用"采样点增加"或"采样点减少"命令时采样点数改变的幅度。CPU 的速度置于"低速 CPU"项上时,CCDDIA 会作一些特别的处理以防止漏采数据。

　　4) 数据处理菜单

　　数据处理菜单如图 4-10 所示,这里许多菜单项都有快捷键与之相对应,用于支持

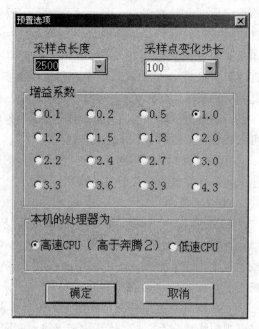

图 4-9　预置选项

键盘操作。

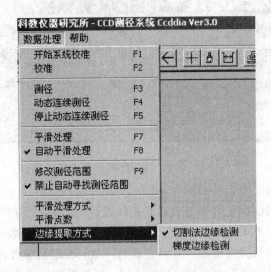

图 4 - 10　数据处理

　　"开始系统校准"是正式测量前必经的一步。每一个测径系统(主要指硬件)都各有微小的差异,例如透镜、光源、CCD 器件等,这些都会导致像元分辨率的变化。将标准物放在待测位置,调整好光路,就可以开始系统校准了。校准向导会提示每一步该做些什么,共有四步,三个对话框,分别如图 4 - 11、图 4 - 12 所示。

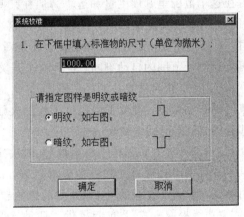

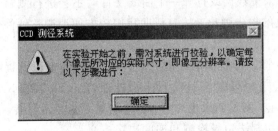

图 4 - 11　校准向导　　　　　　　　　　图 4 - 12　校准设置

　　在第 1 步中,标准物的尺寸是用微米表示的,这项值的精确度直接关系到实验的结果。明纹图样是指被测物体所对应的曲线部分的幅度值高于其他部分,而暗纹图样则相反。DM99 固定取暗纹选项。

　　"校准"用来实现图 4 - 13 中的步骤 3。

　　"测径"用于对曲线进行测径,其结果显示在结果区里。

　　"动态测径"用于在实时采集过程中连续地对每一帧曲线进行测径,其结果也动态地显示在结果区里。相比之下,"测径"只能进行单次测量。校准和测径时使用的边缘提取方式为"边缘提取方式"菜单中所设定的当前值。

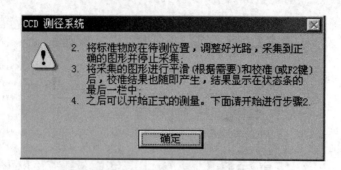

图 4-13 校准步骤

"停止动态测径"用于中止动态测径。

"平滑处理"是以当前设定的平滑方式对曲线进行一次平滑处理,处理的次数累加起来显示在注释区里。平滑方式有两个要素:平滑处理方式和平滑点数。需要指出的是,校准时和测量时的平滑方式及边缘提取方式都要保持一致,否则会导致较大的测量误差。

"自动平滑处理"是一个开关选项,当选中时,任何采集来或由文件调入的曲线都先自动进行一次平滑处理后方才显示出来,同时,注释区里的平滑次数加1。

"修改测径范围"提供了一个手动强制改变测径范围的手段。测径范围是曲线上的一个连续段,它包含了被测物体投在CCD上的所有有效光强信号。通常情况下,每读入一个曲线文件或每采集一帧曲线,系统会自动地判断出测径范围并显示在状态栏的第三部分,然后在这个范围里开展测量和运算。但在某些意外情况下,如自动判断失败,或者出于试验目的,需要改变此范围时,便可以通过这项菜单功能来实现。当"冻结测径范围"被选中时,对任何曲线,无论是新采集的,还是新读入的,都使用相同的被冻结的测径范围,即不再进行测径范围的自动判断,直到这个开关被关闭。

选中"禁止自动寻找测径范围"时,实时采集数据或打开一个曲线文件时不会进行测径范围的自动检测,避免了测径范围检测失败的报告弹出,从而帮助我们较方便地调整硬件部分的光路,得到正确合适的图形。

"平滑处理方式"与"平滑点数"共同决定将进行怎样的平滑处理。CCDDIA1.6版本提供了9种平滑处理方式和5种平滑点数,这样就有$9 \times 5 = 45$种平滑处理的组合。需要说明的是,平滑点数越小,对原曲线的影响越小,测量效果也越好,但平滑效果也越不显著。

"边缘提取方式"目前只提供了两种,即切割法边缘检测和梯度边缘检测。

三、实验原理

1. 平行光投影法

当一束平行光透过待测目标投射到CCD器件上时,由于目标的存在,目标的阴影将同时投射到CCD器件上,在CCD器件输出信号上形成一个凹陷,参见图4-14。

如果平行光的准直程度很理想,阴影的尺寸就代表了待测目标尺寸,只要统计出阴影部分的CCD像元个数,像元个数与像元尺寸的乘积就代表了目标的尺寸。

测量精度取决于平行光的准直程度和CCD像元尺寸的大小。DM99微机测径实验仪使用的是5430位像元CCD器件,像元之间的中心距为 7 μm,像元尺寸也为 7 μm。平行光源受成本、体积等方面的限制，在实际应用中常通过计算机处理，对测量值进行修正，以提高测量精度。

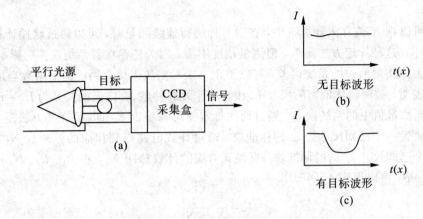

图 4-14 平行光投影及输出信号波形图

2. 光学成像法

被测物体经透镜在 CCD 上成像，像尺寸将与被测物体尺寸成一定的比例。设 T 为像尺寸，K 为比例系数，则被测物体的尺寸 S 可由 $S=KT$ 来表示，K 表示每个像元所代表的物体尺寸的当量，它与光学系统的放大倍率、CCD 像元尺寸等因素有关。T 对应于像尺寸所占的像元数与像元尺寸的乘积，参见图 4-15。

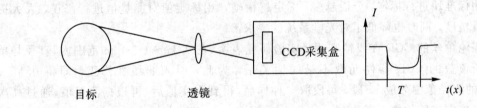

图 4-15 成像法测径及信号波形

对于一个已选定的 CCD 器件，可以采用不同的光学成像系统来达到测量不同尺寸的目的，如用照相物镜来测较大物体尺寸（像是缩小的），用显微物镜来测细小物体尺寸（像是放大的）。

光学系统担负着传递目标光学信息的作用，对 CCD 成像质量有着十分重要的意义。在高精度测量中，要求光学系统的相对几何畸变小于 0.03%，这种大像场、高精度要求是一般工业摄像系统达不到的，所以一个高精度的线阵 CCD 摄像系统，必须配置一个专用的大像场和小畸变的光学系统。

DM99 测径实验仪使用的是一个普通的显微物镜，存在着一定的几何失真，所以测量时必须分段进行修正。

3. 测量系统参数标定

当系统的工作距离确定了之后，为了从目标像所占有的像元数 N 来确定目标的实际尺寸，需要事先对系统进行标定。标定的方法是：先把一个已知尺寸为 L_p 的标准模块放在被测目标位置，然后通过计数脉冲得到该模块的像所占有的 CCD 像元数 N_p，由 $K=L_p/N_p$

可以得到系统的脉冲当量值，K 值表示一个像元实际所对应的目标空间尺寸的当量。然后再把被测目标 L_x 置于该位置，测出对应的脉冲计数 N_x，由 $L_x = KN_x$ 可以算出 L_x 值。这就是一次标定。

通常可以把 K 值存入计算机中，在对目标进行连续测量时，可以通过软件计算出目标的实际尺寸。这种标定方法简单，但测量精度不高，因为还存在着系统误差的影响。

为了去掉实测值中的系统误差，可以采用二次标定法来确定系统的显示数当量值 K。

实验表明，被测物体的实际尺寸 L_x 和对应像元脉冲数 N_x 之间的关系为 $L_x = KN_x + b$，其中 b 就是测量值中的系统误差，通过两次标定就可以确定 K 和 b 值。其方法是，先在被测位置上放置一个已知尺寸为 L_1 的标准块，通过计数电路得到相应的脉冲数 N_1，然后再换上另一个已知尺寸为 L_2 的标准块，再得到对应的计数脉冲 N_2，将 L_1、L_2、N_1、N_2 代入 $L_x = KN_x + b$，可以得到：

$$K = \frac{L_2 - L_1}{N_2 - N_1}$$

$$b = L_1 - KN_1$$

显然，b 值代表实际值与测量值之差，这是由系统产生的测量误差。

采用二次标定法得到的 K 值和 b 值，消除了系统误差对测量精度的影响，因而普遍适用于一般工业测量系统。对于在线动态尺寸测量，还需要根据实际状态采用计算机校正方法来提高测量精度。

在实际应用中，往往采用分段二次标定方法，即将一个测量范围分成若干段，对每一个小段用标准块进行标定，分段越多，标定越精确。用标定值对测量值进行修正，大大提高了测量精度，同时也降低了对光学系统的要求。

对涤纶单丝的 CCD 在线精密测径实验研究表明，在 $0.17 \sim 1.1$ mm 范围内，直径与单丝影像所覆盖的 CCD 器件元数不是线性关系，为此，引入非线性修正，即将 $0.17 \sim 1.1$ mm 的测径范围分成 15 段，每段取一种样品，得到真实值后，再根据测量值，通过高次曲线拟合确定该段的修正系数。

4. 物体边界提取

1）幅度切割法

在光电图像测量中，为了实现对被测目标尺寸的精确测量，首先应解决的问题是物体边界信号的提取和处理。从图像信号中提取边界信号最常用的方法是二值化电平切割法，利用目标和背景的亮度差别，用电压比较器对图像信号进行限幅切割，加大信号电压与背景电压的"反差"，使对应于目标和背景的信号具有"0"、"1"特征，然后交予计算机处理。也可以用软件方法实现这一功能，即将每个像元信号先经过 A/D 转换成数字化的灰度等级，确定一个数字化的阈值，高于阈值部分输出高电平，低于阈值部分输出低电平，从而达到物体边界提取的目的。

二值化处理的重要问题是阈值如何确定。由于衍射、噪声、环境杂光等的影响，CCD 输出的边界信号存在一个过渡区，如何选取阈值是影响测量精度的重要因素，并且，阈值的选取应随环境光和光源的变化而变化。因此，这种方法对环境和光源的稳定性有较高的要求，实际使用上有一定的局限性，但是如果设计得好，可以利用"像元细分"技术来大大提高仪器的分辨率。

2）像元细分

每一种 CCD 器件的光敏元尺寸大小和相邻两像元间的尺寸（空间分辨率）是一定的，DM99 测径实验仪所用 CCD 的空间分辨率为 $7~\mu m$，如不采取其他措施，则测径精度只能为 $7~\mu m$，不能再高了。在 CCD 前加一个光学系统，就能改变测径仪的分辨率。同样，在 CCD 后面加上一个"像元细分"（线性内插）电路，也能提高测径仪的分辨率，其原理与做法如图 4－16 所示。

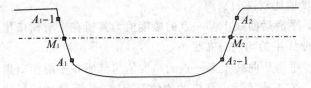

图 4－16 像元细分示意图

一条阈值线与"浴盆"状波形梯形前沿和后沿相交于 M_1 和 M_2 点，一般来说 M_1（M_2）点数据（即阈值）落在两相邻单元数据之间，而不会与哪一个单元数据完全相等，即 M_1（M_2）点所对应的地址号不是一个整数。采用下式可求出 M_1 点所对应的单丝影像在 RAM 中的起始地址（地址号带小数）$\mathrm{ADD}(M_1)$，有

$$\mathrm{ADD}(M_1)=A_1-\frac{V_\mathrm{S}-V_{21}}{V_{11}-V_{21}}$$

式中，A_1 为邻近 M_1 点的下一个单元地址，V_{21} 为该单元的值，V_{11} 为邻近 M_1 点的前一个单元（A_1-1）的值，V_S 为阈值电平。同理，单丝影像结束地址为

$$\mathrm{ADD}(M_2)=A_2-\frac{V_{12}-V_\mathrm{S}}{V_{12}-V_{22}}$$

式中，A_2 为邻近 M_2 点的下一个单元地址，V_{12} 为该单元的值，V_{22} 为邻近 M_2 点的前一个单元（A_2-1）的值。采用像元细分技术，可以达到若干分之一的像元分辨率。

3）梯度法

CCD 输出的目标边界信号是一种混有噪声的类似斜坡的曲线，由于边缘和噪声在空间域上都表现为灰度较大的起落，即在频率域中都为高频分量，给实际边缘的定位带来了困难。梯度法就是利用计算机的强大运算能力，先对 CCD 输出的经 A/D 转换后的数字化灰度信号进行搜索，找出斜坡段，然后对斜坡段数据作平滑处理，再对处理后的数据求梯度，找出图象斜坡上梯度值最大点的位置，该点的位置就定为边缘点的位置。梯度法算法原理图如图 4－17 所示。利用该方法可以将边缘精确地定位在 CCD 的一个像元上，并有较强的抗干扰能力。

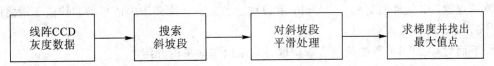

图 4－17 梯度法算法原理图

4）平滑处理方式

下面对 CCDDIA 所涉及的平滑处理方式依次作简单的介绍。

约定：平滑窗口为某点所在的一段曲线范围，其宽度为平滑点数。Mean(A) 是平滑后某点的幅度值，$A(x)$ 是原曲线上 x 处的幅度值。

（1）算术平均平滑。平滑后曲线上某一点的幅度值为其所在平滑窗口里所有点的平均值。它可以消除曲线中的均匀分布噪声，但代价是模糊了原始曲线。

（2）极大值平滑。平滑后曲线上某一点的幅度值为其所在平滑窗口里所有点的最大值。它可以消除幅度值比较低的噪声。

（3）极小值平滑。平滑后曲线上某一点的幅度值为其所在平滑窗口里所有点的最小值。它可以消除幅度值比较高的噪声。

（4）中点平滑。平滑后曲线上某一点的幅度值为其所在平滑窗口里最大值和最小值的平均。它可以消除曲线中的均匀分布噪声。

（5）中值平滑。平滑后曲线上某一点的幅度值为其所在平滑窗口里所有幅度值排序后中点对应的幅度值。它可以消除曲线中的均匀分布噪声，且性能明显优于算术平均平滑。

（6）几何均值平滑。其算法如下：

$$\text{Mean}(A) = \prod_{0 < i < m} A(x+i)^{1/N}$$

其中，$0 \leqslant i \leqslant m$，$m$ 为平滑点数，N 为窗口中参与运算的采样点数。几何均值平滑在保持曲线的边缘特性上比算术平均平滑要好。

（7）逆调和均值平滑。其算法如下：

$$\text{Mean}(A) = \frac{\sum A(x+i)^{p+1}}{\sum A(x+i)^{p}}$$

其中，$0 \leqslant i \leqslant m$，$m$ 为平滑点数，在本软件中，p 固定取为 1。当 p 为正时，逆调和均值平滑对于消除幅度值较低的噪声有很好的性能，它在保持曲线的边缘特性上比算术平均平滑要好。

（8）调和均值平滑。其算法如下：

$$\text{Mean}(A) = \frac{N}{\sum \dfrac{1}{A(x+i)}}$$

其中，$0 \leqslant i \leqslant m$，$m$ 为平滑点数，N 为窗口中参与运算的采样点数。调和均值平滑常用于去除幅度值较高的分离噪声，它在保持曲线的边缘特性上比算术平均平滑要好。

（9）Alpha 剪裁均值平滑。其算法如下：

$$\text{Mean}(A) = \sum \frac{A(x+i)}{N - 2p}$$

其中，$p \leqslant i \leqslant N-p$，$N$ 为窗口中参与运算的采样点数，p 是裁减掉的窗口中的最大值或最小值的点数，本软件固定取 1。Alpha 剪裁均值平滑的性能介于中值平滑和均值平滑之间。

5）边缘提取方式

下面对 CCDDIA 所涉及的边缘提取方式依次作简单的介绍。

（1）切割法边缘检测：以设定的幅度值为一条直线，它与采样曲线相交得两个交点，这就是直径边缘，这两点之间的部分即为物体的直径部分。切割法边缘检测可以对像元进行细分，精确到 0.1 个像元，但重复测量的稳定性不如梯度边缘检测。

（2）梯度边缘检测：在采样曲线的上升沿和下降沿寻找梯度最大的点，即为直径边缘，这两点之间的部分即为物体的直径部分。梯度边缘检测不可以对像元进行细分，只能精确到 1 个像元,但重复测量的稳定性明显优于切割法边缘检测。

四、实验内容

实验前,请仔细调节仪器,下述内容不包含对仪器的调整。

1. 一次定标法(任选幅度切割法或梯度法)

请参照"一个完整测量的例子"进行。

2. 二次定标法(任选幅度切割法或梯度法)

(1) 选择第一个直径为 L_1 的标准物,对它进行一次定标,得到它的阴影所对应的 CCD 像元数 N_1(分辨率结果暂不考虑)。

(2) 选择第二个直径为 L_2 的标准物,对它进行一次定标,得到它的阴影所对应的 CCD 像元数 N_2(分辨率结果暂不考虑)。

(3) 将 L_1、L_2、N_1 和 N_2 代入下式,解出 k 与 b。

$$k = \frac{L_2 - L_1}{N_2 - N_1}$$

$$b = L_1 - kN_2$$

(4) 换上待测物体,参照"一个完整测量的例子"得到它所覆盖的 CCD 像元数 N_x(软件得出的直径是未修正的,即一次定标法的测量值),代入下式,得到修正后的直径 L_x;

$$L_x = k(N_x - N_1) + b$$

(5) 重复步骤(4)5 次,分别得到 5 次 L_x 值,取平均值,即为二次定标法的最后测量结果。

3. 分段二次定标法(任选幅度切割法或梯度法)

(1) 将本实验的直径测量范围分为三个区间(可自行确定):0.8~1.2 mm,1.2~1.6 mm,1.6~2.0 mm,在每一个区间内,用二次定标法求出每段的 k 与 b,记录在表 4-1 中。

表 4-1 数据记录表

值/区间	0.8~1.2 mm	1.2~1.6 mm	1.6~2.0 mm
k			
b			
N_1			

(2) 换上待测物体,参照"一个完整测量的例子"得到它所覆盖的 CCD 像元数 N_x 和软件得出的直径(未修正的),根据此直径所落入的区间的 k、b 与 N_1,对 N_x 进行修正处理,即

$$L_x = k(N_x - N_1) + b$$

(3) 重复 5 次,取平均值为最后测量结果。

4. 分段非线性修正(任选幅度切割法或梯度法)(选做)

在各个分段区间内不是简单地求取线性方程修正式,而是考虑高次曲线方程修正式。在每一分段里,得到多个标准物的直径与所覆盖的 CCD 像元数,用这些值进行高次曲线拟

合，求出 a_1、a_2、a_3、a_4 和 a_5，从而得到高次曲线方程（如下式），取代原线性方程完成修正处理。

$$L_x = a_1 N_x^4 + a_2 N_x^3 + a_3 N_x^2 + a_4 N_x + a_5$$

5. 步骤

(1) 选定一种被测物，调整平行光强度于某个值，如屏幕上指示 50％处（以曲线上某个特征点为参数），采用"幅度切割法"标定，记下此时的测量显示值。

(2) 向下和向上每改变 10％信号强度，记下对应的测量显示值。

(3) 作出平行光强度变化测量示值影响曲线，如图 4-18 所示。

(4) 对同一被测物改用"梯度法"标定，作出平行光强变化对测量示值影响曲线。

(5) 对比两种边界提取方式下，示值变化与光强变化关系曲线，并作简要分析。

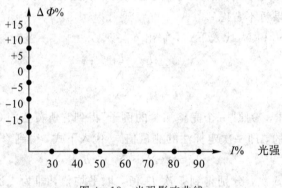

图 4-18　光强影响曲线

五、一个完整测量的例子

本部分给出一个完整的测径步骤，供参考。

(1) 布置好仪器，启动本软件。

(2) 选取合适的标准物，用千分尺测出准确的直径。

(3) 执行"系统校准"命令或按下 F₁ 键。依次弹出校准向导的三个对话框，在第二个对话框里填入标准物的尺寸，并选择暗纹。

(4) 放置标准物，调节仪器，执行"开始采集"命令得到正确的图形后，用"停止采集"命令冻结图形。

(5) 根据需要执行"平滑处理"命令以消除毛刺、突变等。（如果自动平滑处理开关已打开，看到的曲线其实已被平滑过了）执行"校准"命令，会得到此时的像元分辨率，此值同时显示在结果区和整个程序的状态条里。

(7) 换上待测物体，得到曲线后冻结，经过平滑处理与测径后便得到了直径结果，显示在结果区里。或者在实时的连续采集中，启动动态连续测径，便可得到不间断的、随时更新的测量结果。

实验五　　用电磁感应法测交变磁场实验

在工业、国防、科研等领域都需要对磁场进行测量,测量磁场的方法有很多,如冲击电流计法、霍耳效应法、核磁共振法、天平法、电磁感应法等。本实验介绍电磁感应测量磁场的方法,它具有测量原理简单、测量方法简便及测量灵敏度较高等优点。

一、实验目的

(1) 了解用电磁感应法测交变磁场的原理和一般方法,掌握 FB201A 型交变磁场实验仪及其使用方法。

(2) 测量载流圆形线圈和亥姆霍兹线圈的轴向磁场分布。

(3) 了解载流圆形线圈(或亥姆霍兹线圈)的径向磁场分布规律。

(4) 研究探测线圈平面的法线与载流圆形线圈(或亥姆霍兹线圈)的轴线成不同夹角时所产生的感应电动势的变化规律。

二、实验仪器

本实验仪器为 FB201A 型交变磁场实验装置。

1. 用途

FB201A 型交变磁场实验装置是一个集信号发生、信号感应、测量显示于一体的多用途教学实验仪器,可用于研究交流线圈磁场分布、亥姆霍兹线圈磁场分布。

FB201A 型交变磁场实验装置由两部分组成,即 FB201A 型交变磁场测试架和 FB201A 型交变磁场测试仪。

FB201A 型交变磁场测试仪还可以作为信号源,用于信号幅度要求比较大、信号频率不需要很高的实验中。

2. 特点

(1) 激励信号的频率、输出强度连续可调,可以研究不同激励频率、不同强度下,感应线圈上产生不同感应电动势的情况。

(2) 探测线圈三维连续可调,探测线圈用机械连杆器连接,可作横向、径向连续调节,还可作 360°旋转。

(3) 激励信号的频率、输出强度、探测线圈的感应电压都采用数显表显示,且三个表整合在一台测试仪上,减少了占用空间,读数方便。

(4) 右侧线圈可以沿中心轴线平移,线圈间距可根据实验要求调节。

3. 性能指标

(1) 信号频率可调范围:30~200 Hz。

(2) 信号输出电流:单个圆线圈大于 0.900 A,两个圆线圈串联时大于 0.400 A($f=$

50 Hz时)。

(3) 探测线圈机械结构调节范围：

轴向：±120 mm；

径向：±60 mm；

角度：探测线圈可 0～360°旋转，刻度步进值为 10°。

(4) 亥姆霍兹线圈：

匝数：每个 400 匝。

允许最大电流：$I_{max} = 1.000$ A。

线圈平均半径：$R = 0.100$ m。

(5) 电压表显示精度为±0.2 mV，分辨率为 0.1 mV。

(6) 电流表显示精度为±2 mA。

(7) 频率显示精度为±0.1 Hz，分辨率为 0.1 Hz。

(8) 仪器的工作环境：

环境气压：86～106 kPa；

环境温度：-10～40 ℃；

相对湿度：45～80RH。

(8) 外形尺寸(长×宽×高)：

FB201A 型交变磁场测试架：320 mm×240 mm×290 mm；

FB201A 型交变磁场测试仪：370 mm×340 mm×140 mm。

三、实验原理

1. 载流圆线圈与亥姆霍兹线圈的磁场

1）载流圆线圈磁场

一半径为 R、通以电流 I 的圆线圈，其轴线上的磁场为

$$B = \frac{\mu_0 N_0 I R^2}{2 (R^2 + x^2)^{3/2}}$$

(5-1)

式中，N_0 为圆线圈的匝数，x 为轴上某一点到圆心 O' 的距离，$\mu_0 = 4\pi \times 10^{-7}$ H/m。磁场的分布图如图 5-1 所示。

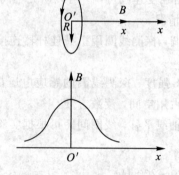

图 5-1 载流圆线圈的磁场分布

本实验线圈取 $N_0 = 400$ 匝，$I = 0.400$ A，$R = 0.100$ m，圆心 O' 处 $x = 0$，可算得磁感应强度为 $B_0 = 1.0053 \times 10^{-3}$ T，$B_m = \sqrt{2} B_0 = 1.4217 \times 10^{-3}$ T。

2）亥姆霍兹线圈磁场

两个相同圆线圈彼此平行且共轴，通以同方向电流 I，理论计算可证明：线圈间距 d 等于线圈半径 R 时，两线圈合磁场在轴上（两线圈圆心连线）附近较大范围内是均匀的，这对线圈称为亥姆霍兹线圈，如图 5-2 所示。这种均匀磁场在科学实验中应用十分广泛。例如，显像管中的行、场偏转线圈就是根据实际情况适当变形的亥姆霍兹线圈。

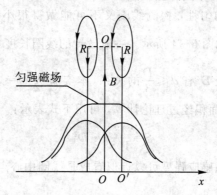

图 5-2　亥姆霍兹线圈的磁场分布

2. 电磁感应法测磁场的原理

设均匀交变磁场为（由通交变电流的线圈产生）

$$B = B_m \sin\omega t$$

磁场中一探测线圈的磁通量为

$$\Phi = NSB_m \cos\theta \sin\omega t$$

式中，N 为探测线圈的匝数，S 为该线圈的截面积，θ 为 B 与线圈法线的夹角，如图 5-3 所示。

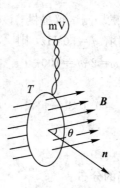

图 5-3　磁场中的探测线圈

图中，线圈产生的感应电动势为

$$\varepsilon = -\frac{\mathrm{d}\Phi}{\mathrm{d}t} = NS\omega B_m \cos\theta \cos\omega t = -\varepsilon_m \cos\omega t$$

式中，$\varepsilon_m = NS\omega B_m \cos\theta$ 是线圈法线与磁场成 θ 角时感应电动势的幅值。当 $\theta = 0$ 时，$\varepsilon_{\max} =$

$NS\omega B_m$，这时感应电动势的幅值最大。如果此时用数字式毫伏表测量线圈的电动势，则毫伏表的示值（有效值）U_{max} 应为 $\frac{\varepsilon_{max}}{\sqrt{2}}$，则

$$B_{max} = \frac{\varepsilon_{max}}{NS\omega} = \frac{\sqrt{2}U_{max}}{NS\omega} \qquad (5-2)$$

如果测出 U_{max}，则由式（5-2）即可算出 B_m。

3. 探测线圈的设计

实验中由于磁场的不均匀性，探测线圈又不可能做得很小，否则会影响测量的灵敏度。实际的探测线圈结构如图 5-4 所示。一般设计的线圈长度 L 和外径 D 有 $L = \frac{2}{3}D$ 的关系，线圈的内径 d 与外径 D 有 $d \leqslant \frac{D}{3}$ 的关系（本实验选 $D = 0.012$ m，$N = 800$ 匝的线圈）。线圈在磁场中的等效面积经过理论计算，可用下式表示：

$$S = \frac{13}{108}\pi \cdot D^2 \qquad (5-3)$$

用这样的线圈测得的平均磁感应强度可以近似看成是线圈中心点的磁感应强度。

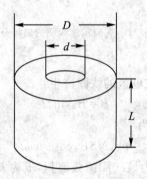

图 5-4 探测线圈结构图

本实验励磁电流由专用的交变磁场测试仪提供，该仪器输出的交变电流的频率 f 可以在 20～200 Hz 之间连续变化，如选择 $f = 50$ Hz，则

$$\omega = 2\pi f = 100\pi \cdot s^{-1}$$

将 S、N、ω 值代入式（5-2）得

$$B_{max} = 0.103U_{max} \times 10^{-3} (T) \qquad (5-4)$$

四、实验内容

1. 测量圆电流线圈轴线上磁场的分布

按图 5-5 接好电路。调节交变磁场实验仪的输出功率，使励磁电流有效值为 $I = 0.400$ A，以圆电流线圈中心为坐标原点，每隔 10.0 mm 测一个 U_{max} 值，测量过程中注意保持励磁电流值不变，并保证探测线圈法线方向与圆电流线圈轴线的夹角为 0°（从理论上可知，如果转动探测线圈，当 $\theta = 0°$ 和 $\theta = 180°$ 时应该得到两个相同的 U_{max} 值，但在实际测量时，这两个值往往不相等，这时应该分别测出这两个值，然后取其平均值作为对应点的

磁场强度)。在做实验时,可以把探测线圈从 $\theta = 0°$ 转到 $180°$,测量一组数据对比一下,正、反方向的测量误差如果不大于 2%,则只做一个方向的数据测量即可,否则,应分别按正、反方向测量,再求算术平均值作为测量结果。

图 5-5　交变磁场实验装置及连接图

2. 测量亥姆霍兹线圈轴线上磁场的分布

把交变磁场实验仪的两组线圈串联起来(注意极性不要接反),接到交变磁场测试仪的输出端钮。调节交变磁场测试仪的输出功率,使励磁电流有效值仍为 $I = 0.400$ A。以两个圆线圈轴线上的中点为坐标原点,每隔 10.0 mm 测一个 U_{max} 值。

3. 测量圆电流线圈沿径向的磁场分布

按实验内容 2 的要求,固定探测线圈法线方向与圆电流轴线的夹角为 $0°$,沿径向移动探测线圈,每移动 5.0 mm 测量一个数据,按正、反方向测到边缘为止,记录数据并作出磁场分布曲线图。

4. 验证公式

按实验内容 2 要求,把探测线圈沿轴线固定在某一位置,让探测线圈法线方向与圆电流轴线的夹角从 $0°$ 开始,逐步旋转到正、负 $90°$,每改变 $10°$ 测一组数据。

验证公式 $\varepsilon_m = NS\omega B_m \cos\theta$,当 $NS\omega B_m$ 不变时,ε_m 与 $\cos\theta$ 成正比。

5. 研究励磁电流频率改变对磁场的影响

把探测线圈固定在亥姆霍兹线圈的中心点,其法线方向与圆电流轴线的夹角为 $0°$(注:亦可选取其他位置或其他夹角),并保持不变。调节磁场测试仪输出电流的频率,在 $30 \sim 150$ Hz 范围内,每次频率改变 10 Hz,逐次测量感应电动势的数值并记录。

五、数据处理

1. 圆电流线圈轴线上的磁场分布

注意:坐标原点设在圆心处。要求列表记录数据,表格中包括测点位置、数字式毫伏表读数(以 U_{max} 换算得到的 U_m 值),如表 5-1 所示,并在表格中表示出各测点对应的理论值。在同一坐标纸上画出实验曲线与理论曲线。

表 5 - 1　圆电流线圈轴线上磁场分布的数据记录表格

轴向距离 $x/(\times 10^{-2})/\text{m}$	0.0	1.0	2.0	3.0	…	10.0
感应电压 U_m/mV						
$B_\text{m} = 0.103 U_{\text{max}} \times 10^{-3}/\text{T}$						
$B = \dfrac{\mu_0 N_0 I R^2}{2 (R^2 + X^2)^{3/2}}/\text{T}$						

2. 亥姆霍兹线圈轴线上的磁场分布

以两线圈圆心连线中点为坐标原点,在直角坐标纸上画出实验曲线,如表 5 - 2 所示。

表 5 - 2　亥姆霍兹线圈轴线上磁场分布数据记录表格

轴向距离 $x/(\times 10^{-2})/\text{m}$	-10.0	-9.00	…	8.00	9.00	10.00
感应电压 U_m/mV						
$B_\text{m} = 0.103 U_{\text{max}} \times 10^{-3}/\text{T}$						

3. 改变两个线圈间距 $d = \dfrac{1}{2} R$ 和 $d = 2R$ 测量轴线上的磁场分布

以两线圈圆心连线中点为坐标原点,在直角坐标纸上画出实验曲线,如表 5 - 3 所示。

表 5 - 3　改变两圆线圈间距后轴线上磁场分布数据记录表格

轴向距离 $x/(\times 10^{-2})/\text{m}$	-10.0	-9.00	…	8.00	9.00	10.00
$U_\text{m}/\text{mV}, \ d = \dfrac{1}{2} R$						
$B_\text{m} = 0.103 U_{\text{max}} \times 10^{-3}/\text{T}$						
$U_\text{m}/\text{mV}, \ d = 2R$						
$B_\text{m} = 0.103 U_{\text{max}} \times 10^{-3}/\text{T}$						

4. 测量亥姆霍兹线圈轴线上磁场分布

亥姆霍兹线圈径向磁场分布数据如表 5 - 4 所示。

表 5 - 4　亥姆霍兹线圈径向磁场分布数据记录表格

径向距离 $x/(\times 10^{-2})/\text{m}$						
感应电压 $/U_\text{m}/\text{mV}$						
$B_\text{m} = 0.103 U_{\text{max}} \times 10^{-3}/\text{T}$						

5. 验证公式 $\varepsilon_\text{m} = NS\omega B\cos\theta$

以角度为横坐标,以磁场强度 B_m 为纵坐标作图,数据记录表格如表 5 - 5 所示。

表 5 - 5　探测线圈法线与磁场方向成不同夹角时的数据记录表格

探测线圈转角 $\theta/$度	0.0	10.0	20.0	30.0	…	90.0
感应电压 U_m/mV						
$B_\text{m} = 0.103 U_{\text{max}} \times 10^{-3}/\text{T}$						

6.励磁电流频率改变对磁场的影响

以频率为横坐标，磁场强度 B_m 为纵坐标作图，并对实验结果进行讨论，如表 5-6 所示。

表 5-6　励磁电流频率变化对磁场的影响数据记录表格

励磁电流频率 f/Hz	30	40	50	60	...	150
感应电压 U_m/mV						
$B_m/(\times10^{-3})/T$						

实验六 电介质介电常数的测量实验

介电常数又叫介质常数、介电系数或电容率，它是一个表示绝缘能力特性的参数，用字母 ε 表示，单位为法/米。

介质通常是绝缘体，如瓷器(陶器)、云母、玻璃、塑料和各种金属氧化物。有些液体和气体也可以作为好的电介质材料。干燥空气是良好的电介质，并被用在可变电容器以及某些类型的传输线中。没有杂质的蒸馏水是较好的电介质，其相对介电常数约为80。

电介质可使空间比实际尺寸变得更大或更小。例如，当一个电介质材料放在两个电荷之间，它会减少作用在它们之间的力，就像它们被移远了一样。当电磁波穿过电介质时，波的速度减小，有更短的波长。

一、实验目的

(1) 掌握固体、液体电介质相对介电常数的测量原理及方法。
(2) 学习减小系统误差的实验方法。
(3) 学习用线性回归处理数据的方法。

二、实验仪器

介电常数测试仪(见图6-1)、液体测量电极、平行板电容器、数字式交流电桥、频率计、游标卡尺、千分尺、固体电介质样品(聚四氟乙烯塑料，见图6-2)、液体电介质样品(环己烷，见图6-3)、连接电缆等。

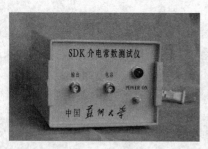

图6-1 介电常数测试仪

图6-2 固体电介质样品

图6-3 液体电介质样品

▲平行板电容器：下极板固定，上电极由千分尺带动上下移动，并可从千分尺上读出极板间距，如图6-4所示。

▲液体测量用空气电容：三极板组成两个电容，用开关进行切换，如图6-5所示。

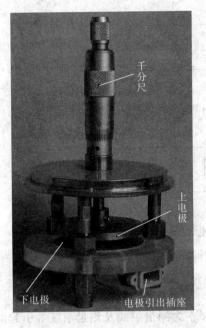

图 6-4　平行板电容器

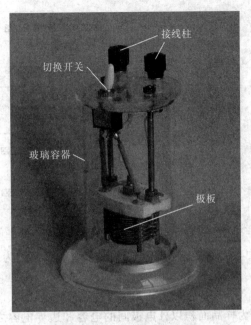

图 6-5　液体测量电容器

三、实验原理

介电常数是电介质的一个重要特性参数。

两块平行放置的金属电极构成一个平行板电容器，其电容量为

$$C_0 = \frac{\varepsilon S}{D}$$

其中，D 为极板间距，S 为极板面积，ε 为（绝对）介电常数。材料不同，ε 也不同，在真空（空气中也近似）中介电常数为 ε_0（$\varepsilon_0 = 8.85 \times 10^{-12}$ F/m）。

考察一种电介质的介电常数，通常看的是相对介电常数 ε_r $\left(\varepsilon_r = \dfrac{\varepsilon}{\varepsilon_0} \right)$。

如果能够测出平行板电容器在真空中的电容量 C_1 以及充满介质时的电容量 C_2，则介质的相对介电常数为

$$\varepsilon_r = \frac{C_2}{C_1}$$

然而，C_1 和 C_2 的值很小，此时电极的边界效应、测量用的引线等引起的分布电容已不可忽略，这些因素将会引起很大的误差，该误差属于系统误差。本实验将分别用电桥法和频率法测出固体和液体的相对介电常数，并消除实验中的系统误差。

1. 电桥法测量固体电介质的相对介电常数

将平行板电容器与数字式交流电桥相连，测出空气中的电容量 C_1 和放入固体电介质后的电容量 C_2，如图 6-6 和图 6-7 所示。

$$C_1 = C_0 + C_{边1} + C_{分1} \qquad\qquad (6-1)$$

$$C_2 = C_{串} + C_{边2} + C_{分2} \qquad\qquad (6-2)$$

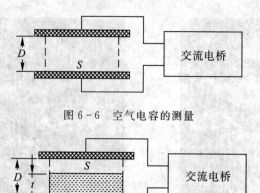

图 6-6　空气电容的测量

图 6-7　加入固体介质后电容的测量

其中，C_0 是电极间以空气为介质、样品面积为 S 而计算出的电容量：

$$C_0 = \frac{\varepsilon_0 S}{D}$$

$C_{边}$ 为样品面积以外电极间的电容和边界电容之和，$C_{分}$ 为测量引线及测量系统等引起的分布电容之和。放入样品时，样品没有充满电极之间，样品面积比极板面积小，厚度也比极板的间距小，因此由样品面积内介质层和空气层组成串联电容而成 $C_{串}$。根据串联电容公式有

$$C_{串} = \frac{\dfrac{\varepsilon_0 S}{D-t} \cdot \dfrac{\varepsilon_r \varepsilon_0 S}{t}}{\dfrac{\varepsilon_0 S}{D-t} + \dfrac{\varepsilon_r \varepsilon_0 S}{t}} = \frac{\varepsilon_r \varepsilon_0 S}{t + \varepsilon_r (D-t)} \tag{6-3}$$

当两次测量中电极间距 D 为一定值时，系统状态保持不变，则有

$$C_{边1} = C_{边2} \tag{6-4}$$

$$C_{分1} = C_{分2} \tag{6-5}$$

由式(6-1)、式(6-2)、式(6-4)及式(6-5)可得

$$C_{串} = C_2 - C_1 + C_0 \tag{6-6}$$

由式(6-3)可得

$$\varepsilon_r = \frac{C_{串} \cdot t}{\varepsilon_0 \, S - C_{串}(D-t)} \tag{6-7}$$

该结果中不再包含分布电容和边缘电容，即运用该实验方法消除了由分布电容和边缘效应引入的系统误差。

2. 线性回归法测量真空(空气)的介电常数 ε_0

上述测量装置在不考虑边界效应的情况下，系统的总电容为 $C = \dfrac{\varepsilon_0 S_0}{D} + C_{分}$。保持系统分布电容不变，改变电容器的极板间距 D，不同的 D 值，测出对应的两极板间充满空气时的电容量 C。与线性函数的标准式 $Y = A + BX$ 对比可得 $Y = C$，$A = C_{分}$，$B = \varepsilon_0 S_0$，$X = \dfrac{1}{D}$，其中 S_0 为平行板电容器极板面积。用最小二乘法进行线性回归，可求得分布电容 $C_{分}$

和真空(空气)的介电常数 ε_0。

3. 频率法测量液体电介质的相对介电常数

频率法测量介电常数所用电极是两个容量不相等并组合在一起的空气电容，电极在空气中的电容量分别为 C_{01} 和 C_{02}，通过一个开关与测试仪相连，可分别接入电路中，如图6-8所示。测试仪中的电感 L、电极电容和分布电容等构成 LC 振荡回路，其振荡频率为

$$f=\frac{1}{2\pi\sqrt{LC}} \quad \text{或} \quad C=\frac{1}{4\pi^2 L f^2}=\frac{k^2}{f^2} \tag{6-8}$$

其中，$C=C_0+C_分$。测试仪中电感 L 一定，即式中 k 为常数，则频率随电容 C 的变化而变化。

图6-8　频率法测量电路图

当电极在空气中时接入电容 C_{01}，相应的振荡频率为 f_{01}，则有 $C_{01}+C_分=\dfrac{k^2}{f_{01}^2}$，接入电容 C_{02}，相应的振荡频率为 f_{02}，则有 $C_{02}+C_分=\dfrac{k^2}{f_{02}^2}$。

实验中分布电容 $C_分$ 保持不变，可得

$$C_{02}-C_{01}=\frac{k^2}{f_{02}^2}-\frac{k^2}{f_{01}^2} \tag{6-9}$$

当电极在液体中时，相应的有

$$\varepsilon_r(C_{02}-C_{01})=\frac{k^2}{f_2^2}-\frac{k^2}{f_1^2} \tag{6-10}$$

由式(6-9)和式(6-10)可得

$$\varepsilon_r=\frac{\dfrac{1}{f_2^2}-\dfrac{1}{f_1^2}}{\dfrac{1}{f_{02}^2}-\dfrac{1}{f_{01}^2}} \tag{6-11}$$

由式(6-11)可知，结果不再和分布电容有关，该方法同样消除了由分布电容引入的系统误差。

四、实验内容

1. 电桥法测固体电介质的介电常数

线路连接如图6-9所示。

(1) 调节平行板电容器间距为 5 mm，从电桥上测出电容量 C_1。

(2) 将固体介质样品(聚四氟乙烯圆板)放入极板之间，从电桥上测出电容量 C_2。将 C_1、C_2 反复测量三次。

（3）用千分尺测量样品的直径，取不同方位测量三次。

（4）测量样品直径 d 和厚度 t，取极板间距 $D=5.000$ mm，测出空气介质时的 C_1 及放入样品时的 C_2。由式（6-6）可求出 $C_串$，代入式（6-7）即可求出 ε_r。

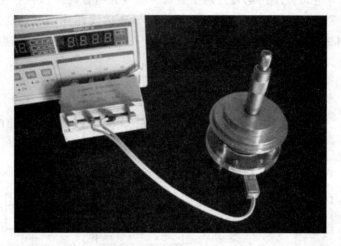

图 6-9　测量固体（空气）介电常数连线图

2. 用线性回归法测定空气的介电常数分布电容

（1）改变极板间距 D，测出对应的电容量 C，数据记入表 6-1 中。

表 6-1　数据记录表 1

d/mm	t/mm	S/mm^2	C_0/pF	C_1/pF	C_2/pF	$C_串/\text{pF}$	ε_r

（2）平行板电容器在空气中，初始间距为 1.000 mm，测出系统的电容量 C_1，间距增大 0.1 mm，测出电容量 C_2，每增加 0.1 mm 测一次电容量，共测 10 组，数据记入表 6-2 中。

表 6-2　数据记录表 2

D/mm	1.000	1.100	1.200	1.300	1.400	1.500	1.600	1.700	1.800	1.900
C/pF										

（3）用线性回归法得出截距 A、斜率 B、相关系数 r，截距标准偏差 S_A，由 $B=\varepsilon_0 S_0$ 得到 ε_0，并用不确定度表示其误差：$\varepsilon_0=\dfrac{B}{S_0}\pm\dfrac{S_B}{S_0}$，分布电容：$C_分=A\pm S_A$，数据记入表 6-3。

表 6-3　数据记录表 3

截距 A	斜率 B	相关系数 r	截距标准偏差 S_A	斜率标准偏差 S_B

查相关系数检验表，判定实验数据的线性相关性。

3. 频率法测液体电介质的介电常数

线路连接见图 6-10 所示。

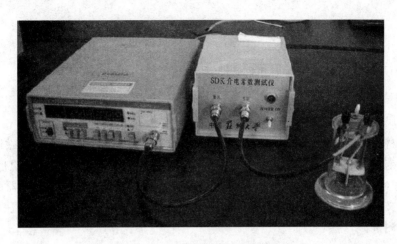

图 6 - 10　测量液体介电常数连线图

（1）电极间为空气介质时，测出 C_1、C_2 对应的频率 f_{01} 和 f_{02}，数据记入表 6 - 4；

（2）电极间充满液体介质后，测出 C_1、C_2 对应的频率 f_1 和 f_2，数据记入表 6 - 4。

表 6 - 4　数据记录表 4

序号	1	2	3	4	5	6	7	8	平均	ε_r
f_{01}/Hz										
f_{02}/Hz										
f_1/Hz										
f_2/Hz										

实验七　居里点温度测定实验

铁磁性材料的磁性随温度的变化而改变。当温度上升到某一温度时，铁磁性材料就由铁磁状态转变为顺磁状态，即失去铁磁性材料的特性，这个温度称为居里温度，以 T_c 表示。测量 T_c 对磁性材料、磁性器件的研制、使用，以及工程技术乃至家用电器的设计都有着重要的意义。测量铁磁性材料的居里温度的方法有磁秤法、电桥法和感应法等，本实验采用感应法测量。

一、实验目的

（1）初步了解铁磁性材料由铁磁性转变为顺磁性的微观机理。

（2）学习 JLD-Ⅱ型居里温度测试仪测定居里温度的原理和方法。

（3）测定铁磁样品的居里温度。

二、实验仪器

如图 7-1、图 7-2 所示，实验所用仪器包括 JLD-Ⅱ型居里点测试仪、60M 存储示波器、加热炉等。

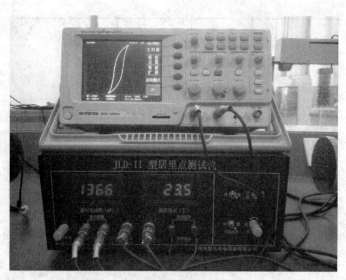

图 7-1　居里点测试仪及存储示波器

图 7 - 2　加热炉

三、实验原理

1. 磁介质的分类

在磁场作用下能被磁化并反过来影响磁场的物质称为磁介质。

设真空中原来磁场的磁感应强度为 B_0，引入磁介质后，磁介质因磁化而产生附加磁场，其磁感应强度为 B'，则磁介质中总的磁感应强度是 B_0 和 B' 的矢量和，即 $B=B_0+B'$。设 $\mu_r=\dfrac{B}{B_0}$，μ_r 称为介质的相对磁导率。磁介质可分为

（1）顺磁质：$\mu_r>1$，如铝、铬、铀等。

（2）抗磁质：$\mu_r<1$，如金、银、铜等。

（3）铁磁质：$\mu_r\gg1$，如铁、钴、镍等。

居里温度是磁性材料的本征参数之一，它仅与材料的化学成分和晶体结构有关，而与晶粒的大小、取向以及应力分布等结构因素无关，因此它又称为结构不灵敏参数。测定铁磁材料的居里温度对磁材料、磁性器件的研究和研制，以及工程技术的应用都具有十分重要的意义。

2. 铁磁质的磁化机理

铁磁质的磁性主要来源于自由电子的自旋磁矩，在铁磁质中，相邻原子间存在着非常强的"交换耦合"作用，使得在没有外加磁场的情况下，它们的自旋磁矩能在一个个微小的区域内"自发地"整齐排列起来，这样形成的自发磁化小区域称为磁畴。实验证明，磁畴的大小约为 $10^{-12}\sim10^{-8}\,\mathrm{m}^3$，包含 $10^{17}\sim10^{21}$ 个原子。在没有外磁场作用时，不同磁畴的取向各不相同，如图 7 - 3 所示。因此，对于整个铁磁材料来说，任何宏观区域的平均磁矩为零，铁磁材料不显示磁性。当有外磁场作用时，不同磁畴的取向趋于外磁场的方向，任何宏观区域的平均磁矩不再为零。当外磁场增大到一定值时，所有磁畴沿外磁场方向整齐排列，此时铁磁质达到磁化饱和，如图 7 - 4 所示。由于每个磁畴已排列整齐，因此，磁化后

的铁磁质具有很强的磁性。

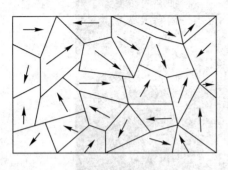

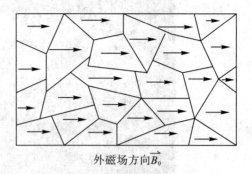

外磁场方向$\vec{B_0}$

图 7-3 无外磁场作用的磁畴   图 7-4 在外磁场作用下的磁畴

    铁磁材料被磁化后具很强的磁性，但这种强磁性是与温度有关的，随着铁磁材料温度的升高，金属点阵热运动的加剧，进而会影响磁畴的有序排列。当还未达到一定温度时，热运动不足以破坏磁畴的平行排列，此时任何宏观区域的平均磁矩仍不为零，物质仍具有磁性，只是平均磁矩随温度的升高而减小；当温度达到某一特定值时，由于分子剧烈的热运动，磁畴便会瓦解，平均磁矩降为零，铁磁材料的磁性消失而转变为顺磁质，与磁畴相关联的一系列铁磁性质(如高磁导率、磁致伸缩等)全部消失，磁滞回线消失，变成直线，相应的铁磁材料的磁导率转化为顺磁材料的磁导率，铁磁性质消失时所对应的温度即为居里温度。

    3. 实验装置及测量原理

    由居里温度的定义可知，要测定铁磁材料的居里温度，从测量原理上来讲，其测定装置必须具备四个功能：提供使样品磁化的磁场；改变铁磁材料温度的温控装置；判断铁磁材料磁性是否消失的判断装置；测量铁磁质磁性消失时所对应温度的测温装置。

    JLD-Ⅱ型居里点温度测试仪通过如图 7-5 所示的系统装置来实现以上四个功能的。待测样品为一环形铁磁材料，其上绕有两个线圈 L_1 和 L_2，其中 L_1 为励磁线圈，给其中通入交变电流，提供使环形样品磁化的磁场。将绕有线圈的环形样品置于温度可控的加热炉中以改变样品的温度，将集成温度传感器置于样品旁边以测定样品的温度。

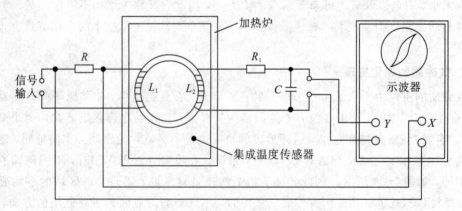

图 7-5 JLD-Ⅱ型居里点温度测试仪连线图

    该装置可通过两种途径来判断样品的铁磁性是否消失：

（1）通过观察样品的磁滞回线是否消失来判断。

铁磁材料的最大特点是当它被外磁场磁化时，其磁感应强度 B 和磁场强度 H 的关系是非线性的，也不是单值的，而且磁化的情况还与它以前的磁化历史有关，$B \sim H$ 曲线为一闭合曲线，称为磁滞回线，如图 7-6 所示。当铁磁性消失时，相应的磁滞回线也消失（变成一条直线），此时测出的温度就是居里温度。

为了获得样品的磁滞回线，可在励磁线圈回路中串联一个采样电阻 R。由于样品中的磁场强度 H 正比于励磁线圈中通过的电流 I，而电阻 R 两端的电压 U 也正比于电流 I，因此可用 U 代表磁场强度 H，将其放大后送入示波器的 X 轴，绕在样品

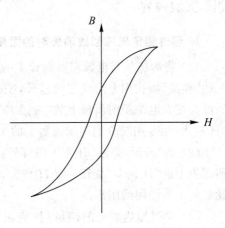

图 7-6 磁滞回线示意图

上的线圈 L_2 中会产生感应电动势。由法拉第电磁感应定律可知，感应电动势的大小为

$$\varepsilon = -\frac{\mathrm{d}\phi}{\mathrm{d}t} = -k\frac{\mathrm{d}B}{\mathrm{d}t} \tag{7-1}$$

式中，k 为比例系数，与线圈的匝数和截面积有关。对式（7-1）两边同乘 $\mathrm{d}t$ 再积分可得

$$B = -\frac{1}{k}\int \varepsilon \mathrm{d}t \tag{7-2}$$

可见，样品的磁感应强度 B 与线圈 L_2 上的感应电动势的积分成正比。因此，将 L_2 上感应电动势经过 $R_1 C$ 积分电路积分并加以放大处理后送入示波器的 Y 轴，在示波器的荧光屏上即可观察到样品的磁滞回线（示波器用 X - Y 工作模式）。

（2）通过测定磁感应强度随温度变化的曲线来推断。

M_S（任何区域的平均磁矩）称为自发磁化强度，与饱和磁化强度 M（不随外磁场变化时的磁化强度）很接近，可用饱和磁化强度近似代替自发磁化强度，并根据饱和磁化强度随温度变化的特性来判断居里温度。用 JLD-Ⅱ 装置无法直接测定 M，但由电磁学理论可知，当铁磁性材料的温度达到居里温度时，其 $M(T)$ 的变化曲线与 $B(T)$ 曲线很相似，因此在测量精度要求不高的情况下，可通过测定 $B(T)$ 曲线来推断居里温度，即测出感应电动势随温度 T 变化的曲线，并在其斜率最大处作切线，切线与横坐标（温度）的交点即为样品的居里温度，如图 7-7 所示。

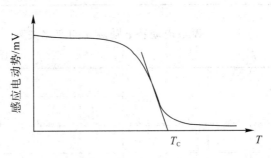

图 7-7 感应电动势～温度曲线

四、实验内容

1. 通过测定磁滞回线消失时的温度来确定居里点温度

（1）将加热炉与电源箱前面板上的"加热炉"相连接；将铁磁材料样品与电源箱前面板上的"样品"插孔用专用线连接起来，并把样品放入加热炉；将温度传感器、降温风扇的接插件与接在电源箱前面板上的"传感器"接插件对应相接；将电源箱前面板上的"B 输出"、"H 输出"用专用线分别与示波器上的 Y 输入、X 输入相连接。

（2）将"升温-降温"开关扳向"降温"。接通电源箱前面板上的电源开关，调节电源箱前面板上的"H 调节"旋钮，使 H 增大，调节示波器（工作方式取 $X-Y$ 模式），其荧光屏上就显示出磁滞回线图形。

（3）关闭加热炉上的两风门（旋钮方向和加热炉的轴线方向垂直），将温度"测量-设置"开关打向"设置"，适当设定加热炉能达到的最大温度。

（4）将"测量-设置"开关扳向"测量"，将"升温-降温"开关扳向"升温"，这时加热炉开始升温。在此过程中注意观察示波器上的磁滞回线，记下磁滞回线变成近似水平直线时显示的温度值，即测得了居里温度 T_c（注意电动势变化较快时所对应的温度范围）。

（5）将"升温-降温"开关扳向"降温"，并打开加热炉上的两风门（旋钮方向和加热炉的轴线方向平行），使加热炉降温。

2. 测量感应电动势随温度变化的关系

（1）根据所测得的居里温度值来设置炉温，其设定值应比所测得的 T_c 值低 2℃ 左右。

（2）将"测量-设置"开关扳向"测量"，"升温-降温"开关扳向"升温"，这时加热炉开始升温，在数据表中记录感应电动势值随炉温的变化关系。（测量时，温度从 40℃ 开始上升至温度不变为止。当感应电动势变化较快时，温度间隔要取小一些；反之，则可以取大些。）

将测量数据分别记入表 7-1～表 7-4 中。

表 7-1 磁滞回线消失时所对应的温度值

样品编号			
T_c/℃			

表 7-2 感应电动势 ε 随温度的变化关系

样品编号：_____

T/℃									
ε'/mV									
T/℃									
ε'/mV									

表 7－3　感应电动势 ε 与温度的变化关系

样品编号：＿＿＿＿＿＿＿

$T/℃$												
ε'/mV												
$T/℃$												
ε'/mV												

表 7－4　感应电动势 ε 与温度的变化关系

样品编号：＿＿＿＿＿＿＿

$T/℃$												
ε'/mV												
$T/℃$												
ε'/mV												

五、注意事项

（1）测量样品的居里点温度时，一定要让炉温从低温开始升高，即每次要让加热炉降温后再放入样品，这样可避免由于样品和温度传感器响应时间不同而引起的居里温度测量值的不同。

（2）在测 80℃ 以上样品时，温度很高，小心烫伤。

六、数据处理

（1）用坐标纸画出 $\varepsilon \sim T$ 曲线，并在其斜率最大处作切线，切线与横轴（温度）的交点坐标即为样品的居里温度 T'_C。

（2）计算各样品两种方法测量结果的相对误差。

实验八　磁致旋光——法拉第效应实验

1845 年，法拉第(M. Faraday)在探索电磁现象和光学现象之间的联系时，发现了一种现象：当一束平面偏振光穿过介质时，如果在介质中沿光的传播方向加上一个磁场，就会观察到光经过样品后偏振面转过一个角度，即磁场使介质具有了旋光性，这种现象后来被称为法拉第效应。法拉第效应第一次显示了光与电磁现象之间的联系，促进了对光本性的研究。之后，费尔德(Verdet)对许多介质的磁致旋光现象进行了研究，发现法拉第效应在固体、液体和气体中都存在。

法拉第效应可用于混合碳水化合物成分分析和分子结构的研究。近年来，在激光技术中这一效应被用于制作光隔离器和红外调制器；该效应也可用于分析碳氢化合物，因为每种碳氢化合物都有各自的磁致旋光特性；可用于隔离反射光，也可作为调制光波的手段。在光谱研究中，借助这一效应可加深关于原子激发能级的认识。

一、实验目的

(1) 掌握磁致旋光现象的物理机理。

(2) 测量旋光晶体的费尔德常量。

(3) 验证马吕斯定律。

二、实验仪器

本实验整套仪器包含：光学实验导轨、半导体激光器、偏振片、磁致旋光材料、磁致旋光电源、电磁线圈、激光功率指示计、高斯计等。仪器整体结构如图 8-1 所示。

图 8-1　仪器整体结构

1. 主机箱

主机箱即"FLD-1 法拉第驱动电源"，其主要功能为调节磁致旋光材料工作电流等，其驱动电源面板如图 8-2 所示。各面板元器件的作用与功能如下：

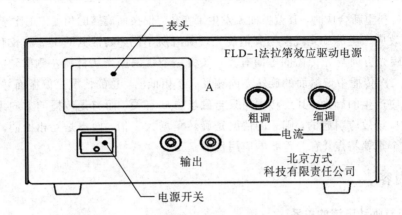

图 8-2　驱动电源面板

（1）表头：3 位半数字表头用于指示磁致旋光材料工作电流的大小。该工作电流大小可通过"粗调/细调"旋钮调节。

（2）粗调/细调旋钮：粗调范围为 0～3 A，细调可精确到 1%。

（3）电源开关：主机的电源开关（220 VAC）。

（4）输出：左边插座通过红色导线与法拉第线圈相连，右边插座通过黑色导线与法拉第线圈相连。

2. 半导体激光器

采用半导体激光器（650 nm、4 mW）作为光源。

3. 旋光材料

最大旋光角≥150°（3 A），旋光材料具有很大的费尔德系数，效果明显。

4. 偏振片

偏振片的通光孔径为 27 mm。

三、实验原理

当一束平面偏振光穿过介质时，如果在介质中沿光的传播方向加上一个磁场，就会观察到光的偏振面经过样品后转过一个角度，即磁场使介质具有了旋光性，改变了光偏振面的角度，这种现象称为法拉第效应。实验表明，在磁场不是非常强的情况下，偏振面旋转的角度 θ 与光波在介质中走过的路程 L 及介质中磁感应强度在光传播方向上的分量 B 成正比，即

$$\theta = VBL \tag{8-1}$$

式中，比例系数 V，称为费尔德常量。它是由旋光材料和光的波长决定的，表征物质的磁场特性。

几乎所有物质（包括气体、液体、固体）都存在法拉第效应。不同的物质，其偏振面旋转的方向也不相同。习惯上规定，偏振面旋转方向与产生磁场的螺线管电流方向一致时叫做正旋（$V > 0$），否则叫做负旋（$V < 0$）。

可用经典理论对法拉第效应作如下解释：一束线偏振光可以分解成两个同频率等幅度的左旋偏振光和右旋偏振光，这两束光在法拉第材料中的折射率不同，因此传播速度也不同。

当它们穿过材料重新合成时，其偏振面就发生了变化，偏振面旋转的角度 θ 正比于 B 和 L。

法拉第效应产生的旋光现象与其他旋光现象有所不同，如常见的 1/2 波长和石英旋光片，它们的旋光方向与光传播的方向有关，如将一个线偏振光从材料左侧射到右侧再发射回来，则在二次传播中偏振面的旋转方向相反，互相抵消，总的情况是偏振面并没有旋转，而法拉第效应产生的旋光，其旋转方向只与磁场方向有关，而与光传播的方向无关。如果旋光是由法拉第效应引起的，则总的情况是旋转角增大 1 倍，而不是互相抵消。这是法拉第效应的一个重要特点，有着重要的应用价值。

四、实验内容

1. 磁场与驱动电流的关系

取出旋光晶体，用高斯计测量磁铁中的磁场大小，在高斯计显示最大值时固定高斯计的位置，测定磁场与驱动电流的关系，数据填入表 8-1 并绘制 $B\sim I$ 曲线。

表 8-1 实验数据表 1

电流/A	0.2	0.4	0.8	1.0	1.2	1.4	1.6	1.8	2.0	2.2	2.4
磁场/Gs											

2. 验证马吕斯定律

断掉磁场驱动电流，固定起偏器，转动检偏器至光功率计示值最小（消光），此时起偏器和检偏器相互垂直，记下此刻检偏器的指示角度及光功率计的读数 I_0。

转动检偏器，读出转动不同角度 θ 时光功率计的读数 I'，填入表 8-2。绘制 $I\sim\dfrac{1}{\cos^2\theta}$ 曲线，验证马吕斯定律。

表 8-2 实验数据表 2

θ/度	0	15	30	45	60	75	90	105	120	135	150	165	180
I'/mW													
$I=I'-I_0$													
$\cos^2\theta$													
$\dfrac{I}{\cos^2\theta}$													

3. 观察法拉第效应，研究磁场与旋转角之间的关系

(1) 器件结构图如图 8-3 所示。

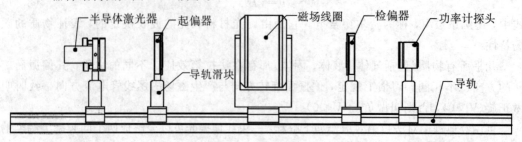

图 8-3 器件结构图

（2）连接好各个设备后打开激光器和光功率计电源，调整光路使光束可穿过电磁线圈中心的磁致旋光材料。

（3）旋转检偏器，使光功率计指示值最小，这时起偏器和检偏器相互垂直，处于消光状态。

（4）打开线圈驱动电源，将驱动电源电流调到 0.5 A，此时光功率指示值将发生变化。

（5）重新旋转检偏器，使功率指示值尽可能得小，系统重新进入消光状态，记下此时的电流值、检偏器的角度变化值和方向。

（6）按一定间隔增大电流，重复步骤（5）。

（7）记下相应的电流值和检偏器的角度变化值。

（8）根据电流与电磁线圈中磁场的关系（见实验内容1）及以上实验数据确定 θ 与 B 的关系。计算材料的 Verdet 常数，其中 $L=30$ mm。

（9）将激光器放到导轨另一端，使光束从电磁线圈的另一端穿过磁致旋光材料改变励磁电流，观察旋光方向并与步骤（5）中的方向进行比较。

（10）交换驱动电源的电流输出导线，改变电磁线圈中的电流方向和大小，观察旋光方向，掌握其中的规律。

4. 测量旋光晶体 Verdet 常数的方法

（1）调节起偏器和检偏器（断开磁场驱动电流），使两者偏振方向相同（方法略）。

（2）装上旋光晶体，接通磁场驱动电流，固定起偏器，改变驱动电流，转动调节检偏器，使得光功率计的示数每次都为最大（各次最大示数可能不尽相同）。记录磁场驱动电流 I 和检偏器相应的转动角度 θ，数据记入表 8-3。在 $B\sim I$ 曲线（实验内容1）上 I 的对应点找出相应的磁场 B，填入表 8-3。

表 8-3　数据记录表 3

I/A	0.2	0.4	0.8	1.0	1.2	1.4	1.6	1.8	2.0	2.2	2.4
磁场 B/Gs											
θ											

绘制 $\theta\sim B$ 曲线，由其斜率 $k=\dfrac{\Delta\theta}{\Delta B}=VL$ 可求得 Verdet 常数。

5. 利用液体的旋光现象测定液体的浓度（选作）

对于液体，旋光角度不但与光线在液体中通过的距离 L 有关，而且与液体的浓度成正比，即 $\theta=\alpha CL$，式中 α 是液体的旋光率。

6. 旋光色散（选做）

同一旋光物质对不同波长的光有不同的旋光率。在一定的温度下，它的旋光率与入射光波长 λ 的平方成反比，随波长的减小而迅速增加，这种现象称为旋光色散。通常采用钠黄光的 D 线（$\lambda=5893$ Å）来测定旋光率（在此我们忽略了温度的影响，实际上旋光率与温度也有关系，在此不作冗述）。

实验九　夫兰克-赫兹实验

　　1914 年，夫兰克和赫兹在研究气体放电现象时发现，低能电子与原子相互作用时，在充汞的放电管中，透过汞蒸气的电子流随电子的能量表现出有规律的周期性变化，能量间隔为 4.9 eV。同一年，使用石英制作的充汞管，拍摄到与能量 4.9 eV 相应的光谱线 253.7 nm 的发射光谱。对此，他们提出了原子中存在"临界电势"的概念：当电子能量低于与临界电势相应的临界能量时，电子与原子的碰撞是弹性的；而当电子能量达到这一临界能量时，碰撞过程由弹性转变为非弹性，电子把这份特定的能量转移给原子，使之受激；原子退激时，再以特定频率的光量子形式辐射出来。1920 年，夫兰克及其合作者对原先的装置做了改进，提高了分辨率，测得了亚稳能级和较高的激发能级，进一步证实了原子内部能量是量子化的。1925 年，夫兰克和赫兹共同获得了诺贝尔物理学奖。

　　通过这一实验，可以了解夫兰克和赫兹在研究气体放电现象中低能电子与原子间相互作用时的实验思想和方法，电子与原子碰撞的微观过程中是怎样与实验中的宏观量相联系的，并可以用于研究原子内部的能量状态与能量交换的微观过程。

一、实验目的

　　(1) 通过示波器观察 $I_P \sim U_{G2}$ 关系曲线，了解电子与原子碰撞和能量交换的过程。

　　(2) 通过主机的测量仪表记录数据，作图计算氩原子的第一激发电位。

　　(3) 采用计算机接口，自动测量氩原子的激发电位，学习自动测量和数据采集技术。

二、实验仪器

　　本实验所用仪器包括：夫兰克-赫兹实验仪、示波器、微型计算机、电源线一根、Q9 线两根。

　　夫兰克-赫兹实验仪是用于重现 1914 年夫兰克和赫兹进行的低能电子轰击原子实验的设备。该实验充分证明原子内部能量是量子化，通过实验可建立原子内部能量量子化的概念，并学习夫兰克和赫兹研究电子和原子碰撞的实验思想和实验方法。

　　本实验仪为一体式实验仪，设计紧凑，面板直观，功能齐全，操作方便；提供给夫兰克-赫兹实验管用的各组电源电压稳定，测量微电流用的放大器有很好的抗干扰能力；能够获得稳定优良的实验曲线；实验方法多样，除实测数据外还可和示波器、$X-Y$ 记录仪及微机连用；适用于大专院校的近代物理实验和普通物理实验，也可用于原子能量量子化教学的演示实验。

1. 技术指标

　　实验仪器主要技术参数：测得的波峰个数大于等于 5 个，电流测量范围为 0.1 nA ~ 10 μA。

2. 各部件技术参数

1）夫兰克-赫兹实验管（F-H管）

F-H管为实验仪的核心部件，采用间热式阴极、双栅极和板极的四极形式，各极一般为圆筒状。这种F-H管内充氩气，玻璃封装。

2）F-H管电源组

电源组提供F-H管各电极所需的工作电压，性能如下：

（1）灯丝电压 U_F，直流 1～5 V，连续可调。

（2）栅极 G_1-阴极间电压 U_{G1}，直流 0～6 V，连续可调。

（3）栅极 G_2-阴极间电压 U_{G2}，直流 0～90 V，连续可调。

3）扫描电源和微电流放大器

扫描电源提供可调直流电压或输出锯齿波电压，可作为F-H管的电子加速电压。直流电压供手动测量，锯齿波电压供示波器、$X-Y$ 记录仪和微机使用。

微电流放大器用来检测F-H管的板流 I_P，性能如下：

（1）具有"手动"和"自动"两种扫描方式："手动"输出直流电压，0～90 V，连续可调；"自动"输出 0～90 V 锯齿波电压，扫描上限可以设定。

（2）扫描速率分"快速"和"慢速"两挡："快速"提供周期约为 20 次/s 的锯齿波，供示波器和微机使用；"慢速"提供周期约为 0.5 次/s 的锯齿波，供 $X-Y$ 记录仪使用。

（3）微电流放大测量范围分为 10^{-9}、10^{-8}、10^{-7}、10^{-6} A 四挡。

4）表头显示

I_P 和 U_{G2} 分别用三位半数字表头显示。另设端口供示波器、$X-Y$ 记录仪及微机显示或者直接记录 $I_P \sim U_{G2}$ 曲线的各种信息。

5）面板及功能

夫兰克-赫兹实验仪面板图如图 9-1 所示。

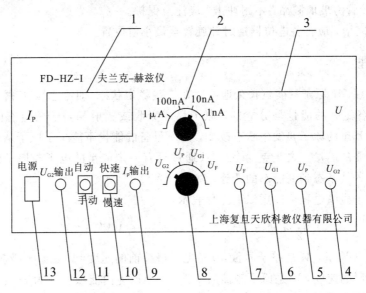

图 9-1　夫兰克-赫兹实验仪面板图

图 9-1 中，各挡位功能如下：

1—I_P 显示表头（表头示值×指示挡后为 I_P 实际值）。

2—I_P 微电流放大器量程选择开关，分为 1 μA、100 nA、10 nA、1 nA 四挡。

3—数字电压表头（与 8）相关，可以分别显示 U_F、U_{G1}、U_P、U_{G2} 值，其中 U_{G2} 值为表头示值×10 V。

4—U_{G2} 电压调节旋钮。

5—U_P 电压调节旋钮。

6—U_{G1} 电压调节旋钮。

7—U_F 电压调节旋钮。

8—电压示值选择开关，可以分别显示 U_F、U_{G1}、U_P、U_{G2}。

9—I_P 输出端口，接示波器 Y 端口、X-Y 记录仪 Y 端口或者微机接口的电流输入端。

10—U_{G2} 扫描速率选择开关，"快速"挡供示波器观察 I_P～U_{G2} 曲线或微机使用，"慢速"挡供 X-Y 记录仪使用。

11—U_{G2} 扫描方式选择开关，"自动"挡供示波器、X-Y 记录仪或微机使用，"手动"挡供人工记录数据使用。

12—U_{G2} 输出端口，接示波器 X 端、X-Y 记录仪 X 端或微机接口的电压输入端。

13—电源开关。

注意事项：

（1）仪器应该检查无误后才能接电源，开关电源前应先将各电位器逆时针旋转至最小值位置。

（2）灯丝电压 U_F 不宜过大，一般在 2 V 左右，如电流偏小，则再适当增加。

（3）要防止 F-H 管被击穿（电流急剧增大），如发生击穿应，立即调低 U_{G2} 以免 F-H 管受损。

（4）F-H 管为玻璃制品，不耐冲击，应注意保护。

（5）实验完毕，应将各电位器逆时针旋转至最小值位置。

三、实验原理

根据玻尔理论，原子只能较长久地停留在一些稳定状态（即定态），其每一状态对应一定的能量值，各定态的能量是分立的，原子只能吸收或辐射相当于两定态间能量差的能量。如果处于基态的原子要发生状态改变，则所具备的能量不能少于原子从基态跃迁到第一激发态时所需的能量。夫兰克-赫兹实验通过具有一定能量的电子与原子碰撞进行能量交换而实现原子从基态到高能态的跃迁。

电子与原子碰撞过程可以用以下方程表示：

$$\frac{1}{2}m_e v^2 + \frac{1}{2}MV^2 = \frac{1}{2}m_e v'^2 + \frac{1}{2}MV'^2 + \Delta E$$

其中，m_e 是电子质量，M 是原子质量，v 是电子碰撞前的速度，V 是原子碰撞前的速度，v' 是电子的碰撞后的速度，V' 是原子碰撞后的速度，ΔE 为内能项。因为 $m_e \ll M$，所以电子的动能可以转变为原子的内能。因为原子的内能是不连续的，所以电子的动能小于原子的第一激发态电位能时，原子与电子发生弹性碰撞，$\Delta E=0$，当电子的动能大于原子的第一激发态电位能时,电子的动能转化为原子的内能,$\Delta E = E_1$,E_1 为原子的第一激发电位。

　　夫兰克-赫兹实验原理如图 9-2 所示,充氩气的夫兰克-赫兹管中,电子由热阴极发出,阴极 K 和栅极 G_1 之间的加速电压 U_{G1} 使电子加速,在板极 P 和栅极 G_2 之间有减速电压 U_P。当电子通过栅极 G_2 进入 G_2P 空间时,如果能量大于 eU_P,就能到达板极形成电流 I_P。如果电子在 G_1G_2 空间与氩原子发生了弹性碰撞,电子本身剩余的能量小于 eU_P,则电子就不能到达板极。

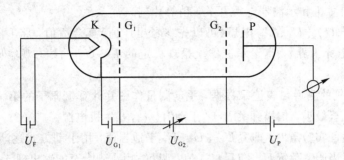

图 9-2　夫兰克-赫兹实验原理图

　　随着 U_{G_2} 的继续增加,电子的能量增加,当电子与氩原子碰撞后仍留下足够的能量,可以克服 G_2P 空间的减速电场而到达板极 P 时,板极电流又开始上升。如果电子在加速电场得到的能量等于 $2\Delta E$,则电子在 G_1G_2 空间会因二次非弹性碰撞而失去能量,结果使板极电流第二次下降。

　　在加速电压较高的情况下,电子在运动过程中,将与氩原子发生多次非弹性碰撞,在 $I_P \sim U_{G_2}$ 关系曲线上就表现为多次下降。板极电流 I_P 随 U_{G_2} 的变化见图 9-3。对氩原子来说,曲线上相邻两峰(或谷)之间的 U_{G_2} 之差即为氩原子的第一激发电位。曲线的极大值、极小值的出现呈现明显的规律性,它是量子化能量被吸收的结果。原子只吸收特定能量而不是任意能量,即证明了氩原子能量状态的不连续性。

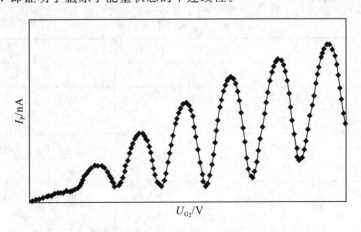

图 9-3　板极电流 I_P 随 U_{G_2} 的变化曲线

四、实验内容

　　(1) 通过示波器观察 $I_P \sim U_{G_2}$ 关系曲线,了解电子与原子碰撞和能量交换的过程。

① 连好主机后面板电源线，用 Q9 线将主机正面板上的"U_{G_2} 输出"与示波器上的"X 相"（供外触发使用）相连，"I_P 输出"与示波器"Y 相"相连。

② 将扫描开关置于"自动"挡，扫描速度开关置于"快速"挡，微电流放大器量程选择开关置于"10 nA"。

③ 分别将"X"、"Y"电压调节旋钮调至"1 V"和"2 V"，"POSITION"调至"$x-y$"，"交直流"全部打到"DC"。

④ 分别开启主机和示波器电源开关，稍等片刻。

⑤ 分别调节 U_{G_1}、U_P、U_F 电压（可以先参考出厂值）至合适值，将 U_{G_2} 由小慢慢调大（以 F-H 管不击穿为界），直至示波器上呈现稳定的 $I_P \sim U_{G_2}$ 曲线，观察原子能量的量子化情况。

(2) 通过主机的测量仪表记录数据，手动测量作图并计算氩原子的第一激发电位。

① 调节 U_{G_2} 至最小，扫描开关置于"手动"挡，打开主机电源。

② 选取合适的实验条件，即置 U_{G_1}、U_P、U_F 于适当值，用手动方式逐渐增大 U_{G_2}，同时观察 I_P 变化。适当调整预置 U_{G_1}、U_P、U_F 值，调 U_{G_2} 由小到大至能够出现 5 个以上峰为止。

③ 选取合适实验点，分别由数字表头读取 I_P 和 U_{G2} 值，作 $I_P \sim U_{G2}$ 曲线，注意示值和实际值的关系。

注：I_P 表头示值为"3.23"，电流量程选择"10 nA"挡，则实际测量值应该为"32.3 nA"；U_{G_2} 表头示值为"6.35"，实际值为"63.5 V"。

④ 由曲线的特征点求出充氩的夫兰克-赫兹管中氩原子的第一激发电位。

(3) 采用计算机接口，自动测量氩原子的激发电位，学习自动测量和数据采集技术。

五、数据处理

(1) 数据记录如表 9-1 所示（实验中应该在波峰和波谷位置周围多记录几组数据，以提高测量精度）。

表 9-1　实　验　数　据

U_{G2}/V	I_P/nA	U_{G2}/V	I_P/nA	U_{G2}/V	I_P/nA	U_{G2}/V	I_P/nA
10.7	0	30.1	0.87	46.5	−0.01	70.1	0.87
11.2	0.01	30.9	0.75	47.4	−0.03	71.1	0.61
12	0.05	31.2	0.7	48	0.05	72.1	0.43
12.6	0.1	31.6	0.61	48.7	0.23	73.4	0.46
13	0.12	32.1	0.51	49.2	0.43	74.3	0.66
13.5	0.16	32.3	0.45	49.8	0.64	75.5	1
14	0.22	33	0.28	50.6	0.9	76.4	1.26
14.3	0.23	33.6	0.14	51.5	1.18	77.3	1.49
14.6	0.26	33.9	0.08	52.3	1.33	77.8	1.6
15	0.29	34.2	0.04	53.6	1.36	78.5	1.7
15.5	0.31	34.6	0	54.4	1.38	79	1.75

续表

U_{G2}/V	I_P/nA	U_{G2}/V	I_P/nA	U_{G2}/V	I_P/nA	U_{G2}/V	I_P/nA
15.8	0.32	34.9	−0.01	55.1	1.24	80	1.76
16.2	0.34	35.3	0	55.7	1.11	80.9	1.7
16.6	0.33	35.8	0.02	56.1	0.97	81.7	1.59
17.1	0.37	36.4	0.13	57.2	0.62	82.5	1.43
18	0.39	36.9	0.27	58	0.36	83.3	1.27
18.9	0.4	37.4	0.45	58.9	0.16	84.1	1.08
19.5	0.37	37.9	0.6	60	0.09	85.3	0.89
20	0.35	38.3	0.72	60.4	0.17	86.4	0.67
20.6	0.3	38.8	0.88	61.4	0.46	87.8	1.04
21.3	0.24	39.3	1.01	61.7	0.55	88.4	1.17
22.1	0.16	39.7	1.07	61.9	0.64	88.8	1.27
22.6	0.11	40	1.12	62.4	0.82	89.9	1.51
23	0.08	40.9	1.22	63.2	1.07	90.7	1.69
23.8	0.05	41.6	1.19	63.9	1.26	91.2	1.82
24.4	0.07	42.4	1.11	64.7	1.46	91.6	1.84
25	0.14	43.2	0.94	65.4	1.55	91.9	1.88
25.6	0.26	44.1	0.66	66.3	1.6	92.4	1.94
27	0.6	44.5	0.51	67.1	1.56	92.8	1.97
28	0.81	45.4	0.23	68.1	1.41	93.2	2
29.4	0.91	46.1	0.06	69.3	1.12	94	2.01

（2）画出的 $I_P \sim U_{G_2}$ 关系曲线图如图 9 - 4 所示。

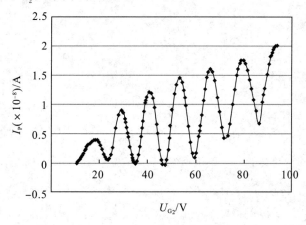

图 9 - 4　$I_P \sim U_{G_2}$ 关系曲线图

（3）用测得的数据进行绘图、拟合，可以得出峰（或谷）值（更高的峰或谷值由于有第二激发等原因舍弃），如表 9-2 所示。

表 9-2　峰（或谷）值

峰/V	18.3	29.4	40.9	53.6
谷/V	23.8	34.9	47.4	60.0

（4）用逐差法处理峰、谷值，可算出氩的第一激发电位，即

$$\overline{E_1} = \frac{53.6 - 29.4 + 40.9 - 18.3 + 60.0 - 34.9 + 47.4 - 23.8}{8} = 11.9 \text{ V}$$

$$\Delta_{E_1 A} = \sqrt{\frac{\sum_{i=1}^{4} (E_{1i} - \overline{E_1})^2}{3}} = 0.53 \text{ V}$$

$$\Delta_{E_1 B} = \sqrt{\Delta_{仪}^2 + \Delta_{仪}^2} = \sqrt{2} \times 0.1 = 0.14 \text{ V}$$

$$U_{E_1} = \sqrt{\Delta_{E_1 A}^2 + \Delta_{E_1 B}^2} = \sqrt{0.53^2 + 0.14^2} = 0.55 \text{ V} \approx 0.6 \text{ V}$$

$$E_1 = \overline{E_1} + U_{E_1} = 11.9 \pm 0.6 \text{ V}$$

六、思考题

（1）研究各实验条件下 U_F、U_{G_1}、U_P 对 I_P-U_{G_2} 的影响，并分析原因。

（2）研究 I_P-U_{G_2} 周期变化与能级的关系。

（3）研究峰（或谷）间距的变化，并分析原因。

（4）第一峰位的位置电压与第一激发电位的关系是怎样的？

（5）I_P 值有时为负值，如何解释？

实验十　热辐射与红外扫描成像实验

　　热辐射是 19 世纪发展起来的新学科，至 19 世纪末该领域的研究达到顶峰，以致于量子论这个婴儿注定要从这里诞生。黑体辐射实验是量子论得以建立的关键性实验之一。物体由于具有温度而向外辐射电磁波的现象称为热辐射，热辐射的光谱是连续谱，波长覆盖范围理论上可从 0 到 ∞，而一般的热辐射主要靠波长较长的可见光和红外线。物体在向外辐射的同时，还将吸收从其他物体辐射的能量，且物体辐射或吸收的能量与它的温度、表面积、黑度等因素有关。

一、实验目的

　　(1) 研究物体的辐射面、辐射体温度对物体辐射能力大小的影响，并分析原因。

　　(2) 改变测试点与辐射体距离时，测量物体辐射强度 P 和距离 S，以及距离的平方 S^2 的关系，并描绘 P-S^2 曲线。

　　(3) 依据维恩位移定律，测绘物体辐射能量与波长的关系图。

　　(4) 测量不同物体的防辐射能力，你能够从中得到哪些启发？（选做）

　　(5) 了解红外成像原理，根据热辐射原理测量发热物体的形貌（红外成像）。

二、实验仪器

　　DHRH-1 测试仪、黑体热辐射测试架、红外成像测试架、红外热辐射传感器、半自动扫描平台、光学导轨(60 cm)、计算机软件以及专用连接线等，DHRH 测试仪如图 10-1 所示。

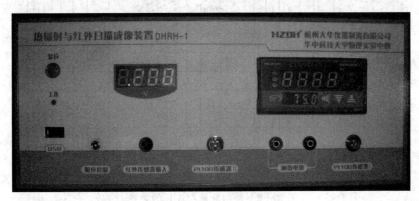

图 10-1　热辐射与红外扫描成像装置 DHRH-1 测试仪

三、实验原理

　　热辐射的真正研究是从基尔霍夫(G. R. Kirchhoff)开始的。1859 年，他从理论上提出了辐射本领、吸收本领和黑体概念，并利用热力学第二定律证明了一切物体的热辐射本领

$r(\nu,T)$ 与吸收本领 $\alpha(\nu,T)$ 成正比，比值仅与频率 ν 和温度 T 有关，其数学表达式为

$$\frac{r(\nu,T)}{\alpha(\nu,T)}=F(\nu,T) \qquad (10-1)$$

式中，$F(\nu,T)$ 是一个与材料无关的普适函数。1861 年，他进一步指出，在一定温度下用不透光的壁包围起来的空腔中的热辐射等同于黑体的热辐射。1879 年，斯特藩(J. Stefan)从实验中总结出了黑体辐射的辐射本领 R 与物体绝对温度 T 的四次方成正比的结论。1884 年，玻耳兹曼对上述结论给出了严格的理论证明，其数学表达式为

$$R=\sigma T^4 \qquad (10-2)$$

即斯特藩-玻耳兹曼定律，其中 $\sigma=5.673\times10^{-12}$ W/cm^{2}K^4，称为玻耳兹曼常数。

1888 年，韦伯(H. F. Weber)提出波长与绝对温度之积是定值。1893 年，维恩(wilhelmwien)从理论上进行了证明，其数学表达式为

$$\lambda_{max}T=b \qquad (10-3)$$

式中，$b=2.8978\times10^{-3}$(m·K)为一普适常数，随着温度的升高，绝对黑体光谱亮度最大值对应的波长向短波方向移动，即维恩位移定律。

图 10-2 显示了黑体不同色温的辐射能量随波长的变化曲线，峰值波长 λ_{max} 与它的绝对温度 T 成反比。1896 年，维恩推导出黑体辐射谱的函数形式：

$$r_{(\lambda,T)}=\frac{ac^2}{\lambda^5}e^{-\beta c/\lambda T} \qquad (10-4)$$

式中，α、β 为常数，该公式与实验数据比较，在短波区域符合得很好，但在长波部分出现系统偏差。为表彰维恩在热辐射研究方面的卓越贡献，1911 年授予他诺贝尔物理学奖。

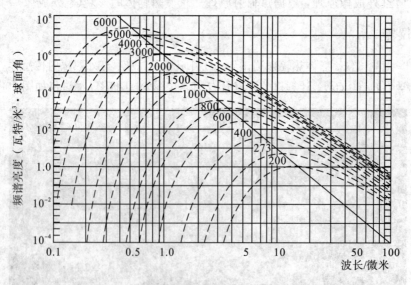

图 10-2 辐射能量与波长的关系

1900 年，英国物理学家瑞利(Lord Rayleigh)从能量按自由度均分原理出发，推出了黑体辐射的能量分布公式：

$$r_{(\lambda,T)}=\frac{2\pi c}{\lambda^4}kT \qquad (10-5)$$

该公式被称为瑞利-金斯公式，公式在长波部分与实验数据较相符，但在短波部分却出现

了无穷大值，而实验结果是趋于零，这部分严重的背离，被称为"紫外灾难"。

1900 年，德国物理学家普朗克（M. Planck）在总结前人工作的基础上，采用内插法将适用于短波的维恩公式和适用于长波的瑞利-金斯公式衔接起来，得到了在所有波段都与实验数据符合得很好的黑体辐射公式：

$$r_{(\lambda, T)} = \frac{c_1}{\lambda^5} \cdot \frac{1}{e^{c_2/\lambda T} - 1} \tag{10-6}$$

式中，c_1、c_2 均为常数，但该公式的理论依据尚不清楚。

这一研究结果促使普朗克进一步去探索该公式所蕴含的更深刻的物理本质。他发现如果作如下"量子"假设：对一定频率 ν 的电磁辐射，物体只能以 $h\nu$ 为单位吸收或发射它，即吸收或发射电磁辐射只能以"量子"的方式进行，每个"量子"的能量为 $E = h\nu$，称为能量子。式中 h 是一个用实验来确定的比例系数，称为普朗克常数，它的数值是 6.62559×10^{-34} 焦耳秒。式(10-6)中的 c_1、c_2 分别为 $c_1 = 2\pi hc^2$，$c_2 = ch/k$，它们均与普朗克常数相关，分别称为第一辐射常数和第二辐射常数。

四、实验内容

1. 物体温度以及物体表面对物体辐射能力的影响

（1）将黑体热辐射测试架及红外传感器安装在光学导轨上，调整红外热辐射传感器的高度，使其正对模拟黑体（辐射体）中心，然后再调整黑体辐射测试架和红外热辐射传感器的距离为一较合适的距离，并通过光具座上的紧固螺丝锁紧。

（2）将黑体热辐射测试架上的加热电流输入端口和控温传感器端口分别通过专用连接线与 DHRH-1 测试仪面板上的相应端口相连；用专用连接线将红外传感器与 DHRH-1 面板上的专用接口相连；检查连线，确认无误后，开通电源，对辐射体进行加热，连线如图 10-3 所示。

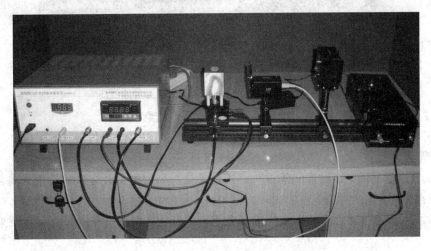

图 10-3 辐射强度与温度关系测量连线图

（3）记录不同温度时的辐射强度，填入表 10-1 中，并绘制辐射强度-温度曲线图。

注意：本实验可以动态测量，也可以静态测量。静态测量时要设定不同的控制温度，具体如何设置温度见控温表说明书。静态测量时，由于控温需要时间，用时较长，故做此

实验时建议采用动态测量。

表 10 - 1　辐射强度与黑体温度记录表

温度 $t/℃$	20	25	30	...	80
辐射强度 P/V					

（4）将红外辐射传感器移开，控温表设置在 60℃，待温度恒定后，将红外辐射传感器移至靠近辐射体处，转动辐射体（辐射体较热，请带上手套进行旋转，以免烫伤）测量不同辐射表面上的辐射强度（实验时，保证热辐射传感器与待测辐射面距离相同，便于分析和比较），记录于表 10 - 2 中。

表 10 - 2　黑体表面与辐射强度记录表

黑体面	黑面	粗糙面	光面 1	光面 2（带孔）
辐射强度/V				

注：光面 2 上有通光孔，实验时可以分析光照对实验的影响。

（5）黑体温度与辐射强度微机测量。用计算机动态采集黑体温度与辐射强度之间的关系时，先按照步骤（2）连好线，然后把黑体辐射测试架上的测温传感器 PT100Ⅱ连至测试仪面板上的"PT100 传感器Ⅱ"，用 USB 电缆连接电脑与测试仪面板上的 USB 接口，如图 10 - 4所示。

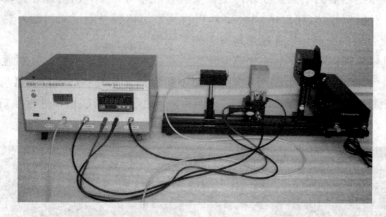

图 10 - 4　黑体温度与辐射强度微机测量连线图

① 打开传感器前的挡光板，使传感器接收到更多的红外线。

② 从桌面快捷方式或开始菜单打开软件，点击"USB"按钮打开 USB 端口，界面如图 10 - 5所示。

③ 设置采样间隔，即设置间隔多少摄氏度采集一个数据，系统默认设置为每隔 1℃采集一个数据。

④ 总共可采集 4 条数据曲线，当曲线数据已经存在，再次启动采集时会将原来的数据覆盖。

⑤ 使用测试仪面板上的温度控制器，控制被测对象温度，点击"启动"按钮启动数据采集，当采集完成后，按"停止"按钮结束数据采集。选择下一条曲线，同样的方法采集下一组数据，图 10 - 6采集了三条温度-热辐射强度曲线，左边数据显示当前曲线数据。

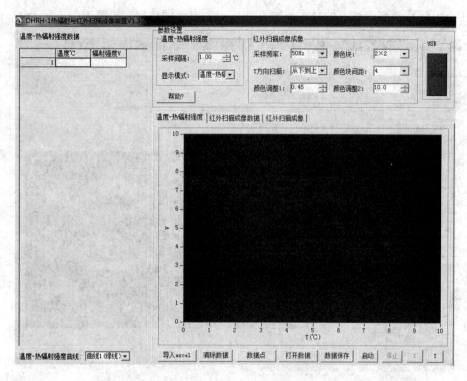

图 10-5　DHRH-1界面

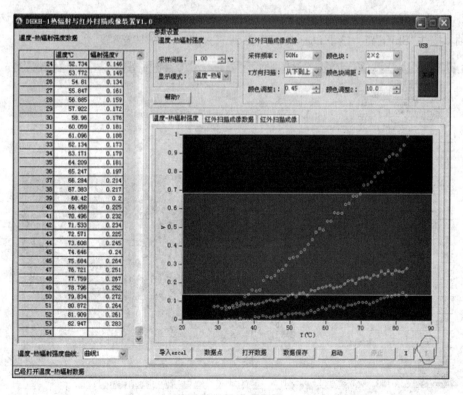

图 10-6　采集曲线

⑥ 当鼠标移动到曲线上的数据点时，可显示数据点的数值，如图 10 - 7 所示。

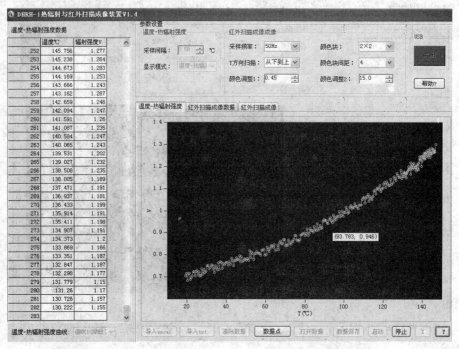

图 10 - 7　显示数据点数值

⑦ 按下"X"按钮，并按住"Shift"键，再按下鼠标左键拉出一个区域，可以放大该区域的 X 轴；按住"Shift"键，按下鼠标右键恢复到放大前，如图 10 - 8 所示。

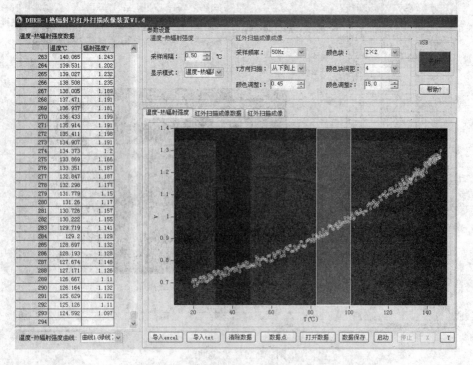

图 10 - 8　放大 X 轴区域

⑧ 按下"Y"按钮，并按住"Shift"键，再按下鼠标左键拉出一个区域，可以放大该区域的 Y 轴；按住"Shift"键，按下鼠标右键恢复到放大前，如图 10-9 所示。

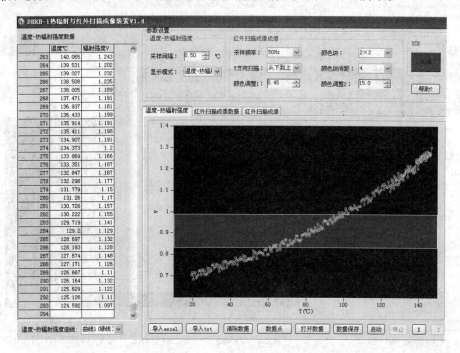

图 10-9　放大 Y 轴区域

⑨ 显示模式，在"温度-热辐射强度（V）"模式下，横坐标表示温度；在"温度-波长（λ）"模式下，横坐标表示波长，如图 10-10 所示。

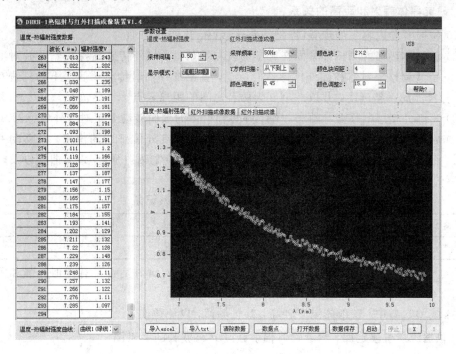

图 10-10　温度-热辐射强度

⑩ 将温度-热辐射强度数据导入到 excel 表，如图 10-11 所示。

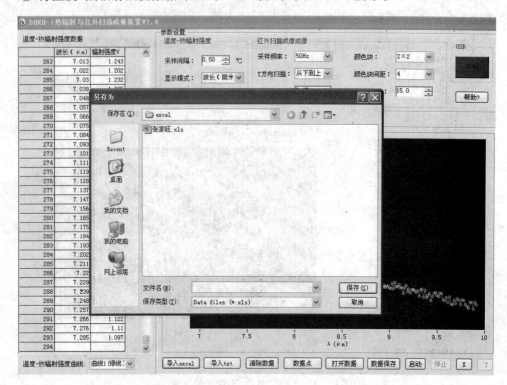

图 10-11 导入数据

⑪ 点击"数据保存"按钮可保存数据，格式为 .dat。

2. 研究黑体辐射和距离的关系

(1) 按照实验内容 1 的步骤(2)把线路连接好，连线同图 10-3。

(2) 将黑体热辐射测试架紧固在光学导轨左端某处，红外传感器探头紧贴并对准辐射体中心，稍微调整辐射体和红外传感器的位置，直至红外辐射传感器底座上的刻线对准光学导轨标尺上的一整刻度，并以此刻度为两者之间的距离零点。

(3) 将红外传感器移至导轨另一端，并将辐射体的黑面转动至正对红外传感器。

(4) 将控温表头设置在 80℃，待温度稳定后，移动红外传感器的位置，每移动一定的距离后，记录测得的辐射强度，并记录在表 10-3 中，绘制辐射强度-距离曲线以及辐射强度-距离的平方曲线，即 $P-S$ 和 $P-S^2$ 曲线。

表 10-3 黑体辐射与距离关系记录表

距离 S/mm	400	380	...	0
辐射强度 P/mV				

(5) 分析绘制的图形，你能从中得出什么结论，黑体辐射是否具有类似光强和距离的平方成反比的规律？

注：实验过程中，辐射体温度较高，禁止触摸，以免烫伤。

3. 依据维恩位移定律，测绘物体辐射强度 P 与波长的关系图

(1) 按实验 1，测量不同温度时，辐射体辐射强度和辐射体温度的关系并记录。

（2）根据式(10-3)，求出不同温度时的 $\lambda_{\max}$。

（3）根据不同温度下的辐射强度和对应的 $\lambda_{\max}$，描绘 $P - \lambda_{\max}$ 曲线图。

（4）分析所描绘图形，并说明原因。

4. 测量不同物体的防辐射能力（选做）

（1）分别测量在辐射体和红外辐射传感器之间放入物体板之前和之后，辐射强度的变化。

（2）放入不同的物体板时，辐射体的辐射强度有何变化，分析原因，你能得出哪种物质的防辐射能力较好，从中你可以得到什么启发。

5. 红外成像实验

自然界中一切温度高于绝对零度（−273℃）的物体，每时每刻都辐射红外线，同时这种红外线辐射都载有物体的特征信息，这就为利用红外技术判别各种被测目标的温度高低和热分布场提供了客观的基础。利用这一特性，通过光电红外探测器将物体发热部位辐射的功率信号转换成电信号后，成像装置就可以一一对应地模拟出物体表面温度的空间分布，最后经系统处理，形成热图像视频信号，传至显示屏幕上，就得到与物体表面热分布相对应的热像图，即红外热图像。

（1）将红外成像测试架放置在导轨左边，半自动扫描平台放置在导轨右边，将红外成像测试架上的加热输入端口和传感器端口分别通过专用连线同测试仪面板上的相应端口相连；将红外传感器安装在半自动扫描平台上，并用专用连接线将红外辐射传感器和面板上的输入接口相连，用 USB 连接线将测试仪与电脑连接起来，如图 10-12 所示。

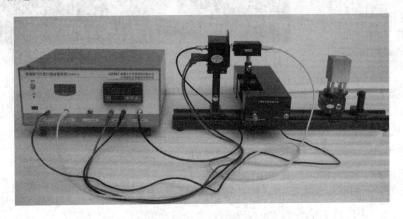

图 10-12　红外成像连线图

（2）将一红外成像体放置在红外成像测试架上，设定温度控制器控温温度为 60℃ 或 70℃，检查连线；确认无误后，接通电源，对红外成像体进行加热。

（3）温度恒定后，将红外成像测试架向半自动扫描平台移近，使成像物体尽可能接近热辐射传感器（不能紧贴，防止高温烫坏传感器测试面板）。

（4）启动扫描电机，开启采集器，采集成像物体横向辐射强度数据；手动调节红外成像测试架的纵向位置（每次向上移动相同坐标距离，如 1 mm），再次开启电机，采集成像物体横向辐射强度数据；电脑上将会显示全部的采集数据点以及成像图，具体操作步骤如下：

① 关闭传感器前的挡光板，提高成像分辨力。

② 使用测试仪面板上的温度控制器给红外成像测试架上的样品加热，比如控制温度设为 70℃。

③ 打开 USB 端口，将小车停在左边位置（和电机相对的一边），开关输入指示灯左边灯亮，如图 10-13 所示。

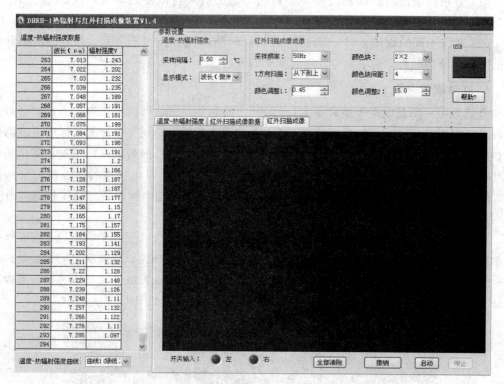

图 10-13　红外成像操作界面

④ 选择采样频率(25 Hz)，颜色块大小(2×2 像素，一个数据点对应一个颜色块)，Y 方向扫描(从下到上)，颜色块间距(15 像素)，颜色调节 1(0.45)，颜色调节 2(10)。

颜色块大小：每采集一个数据点用一个颜色块在屏幕上显示。

颜色块间距：上下两条线之间的距离。

颜色调整：不同的辐射强度由不同的颜色值表示，本系统共用 256 种颜色(RGB(0，0，0)～RGB(255，0，0))表示所有的数据点，颜色值计算公式如下：

颜色值＝255 * (颜色调整 1－辐射强度) * 颜色调整 2，当颜色值大于 255 时用 255 表示，当颜色值小于 0 时用 0 表示。

由上述公式可以看出，当辐射强度不同时，可改变"颜色调整 1"的值使图像变得清晰；改变"颜色调整 2"可改变颜色值覆盖的颜色范围。

⑤ 点击"启动"按钮，启动小车自左向右运行采集数据，当这一行数据采集完成后，"启动"按钮自动变得有效。使小车回到左边，同样的方法采集下一条数据。图 10-14 是采集一个圆环(环中一圆点)得到的图像，图 10-15 是采集一个三角形得到的图像。

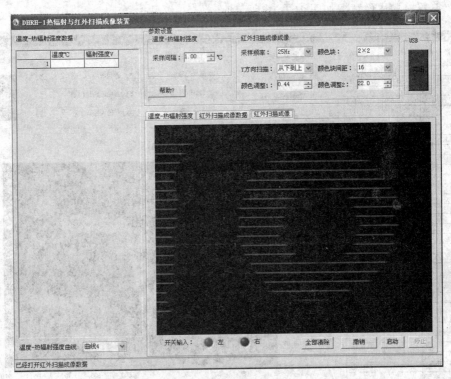

图 10-14　圆环图像

图 10-15　三角形图像

⑥ 查看扫描成像数据如图 10 - 16 所示。

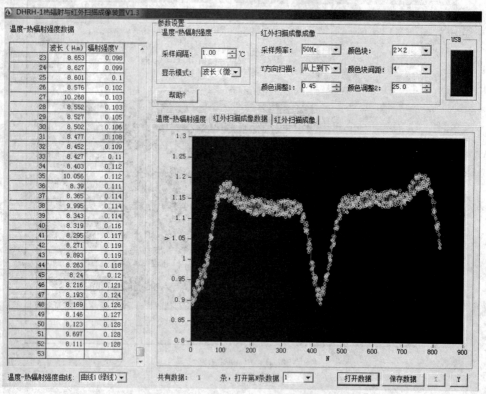

图 10 - 16　扫描成像数据

6. 红外扫描成像设置

(1) 颜色调整 1：横坐标 N 在 600 对应的电压值，一般选为 1.0 左右。

(2) 颜色调整 2：与室温和设置温度有关，基本在 20～30 之间。

(3) 颜色块间距：扫描出的两条线之间的间距，可在扫描完成之后调整。

(4) 红外传感器放大倍数：×100。

(5) 电压表设置值：1 V 左右。

扫描时，按照如下方法操作：

选择"红外扫描成像"，红外传感器移到左边（开关扳到"左"），点击软件下方的"启动"按钮，并将红外传感器移到右边（开关扳到"右"），则电脑上将会显示全部的采集数据点以及成像图。手动移动红外成像测试架（热源）的竖直位置，重新进行测量，沿同一方向每次移动距离取 1 mm 为宜！

7. 注意事项

(1) 实验过程中，当辐射体温度很高时，禁止触摸辐射体，以免烫伤。

(2) 测量不同辐射表面对辐射强度的影响时，辐射温度不要设置太高，转动辐射体时，应带手套。

(3) 实验过程中，计算机在采集数据时不要触摸测试架，以免造成对传感器的干扰。

(4) 辐射体的光面 1 光洁度较高，应避免受损。

实验十一　　连续波核磁共振实验

　　磁矩是由许多原子核所具有的内部角动量或自旋引起的。1933 年，G. O. 斯特恩 (Stern)和 I. 艾斯特曼(Estermann)对核粒子的磁矩进行了第一次粗略测定。美国哥伦比亚的 I. I. 拉比(Rabi)实验室在这个领域的研究中获得了进展。这些研究对核理论的发展起了很大的作用。

　　核磁共振是指具有磁矩的原子核在恒定磁场中由电磁波引起的共振跃迁现象。当受到强磁场加速的原子束加一个已知频率的弱振荡磁场时原子核就要吸收某些频率的能量，同时跃迁到较高的磁场亚层中。通过测定原子束在频率逐渐变化的磁场中的强度，就可测定原子核吸收频率的大小。这种技术起初被应用于气体物质，后来斯坦福的 F. 布洛赫 (Bloch)和哈佛大学的 E. M. 珀塞尔(Puccell)将其应用扩展到液体和固体。布洛赫小组第一次测定了水中质子的共振吸收，而珀塞尔小组第一次测定了固态链烷烃(石蜡样品)中质子的共振吸收，两个研究小组用了稍微不同的方法，几乎同时在凝聚物质中发现了核磁共振。因此，布洛赫和珀塞尔荣获了 1952 年的诺贝尔物理学奖。

　　目前，核磁共振已经广泛地应用于许多科学领域，是物理、化学、生物和医学研究中的一项重要实验技术。它是测定原子的核磁矩和研究核结构的直接而又准确的方法，也是精确测量磁场的重要方法之一。自 1946 年进行这些研究以来，由于核磁共振的方法和技术可以深入物质内部而不破坏样品，并且具有迅速、准确、分辨率高等优点，因此得到了迅速发展和广泛应用，现今核磁共振技术已从物理学渗透到化学、生物、地质、医疗以及材料等学科，在科研和生产中发挥了巨大的作用。

一、实验目的

　　(1) 了解核磁共振原理，加深对电子自旋、能级分裂及受激跃迁等基本概念的理解。

　　(2) 掌握利用核磁共振校准磁场和测量 g 因子的方法。

　　(3) 观察水中质子的核磁共振现象。计算氟核的旋磁比 γ_F、朗德因子 g_F 和核磁矩 μ_{ZF}。

　　(4) 了解磁场均匀性对尾波的影响。

二、实验仪器

1. 仪器结构

　　核磁共振实验仪主要因磁铁、实验主机、示波器、频率计组成，如图 11－1 所示。

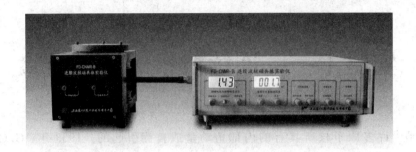

图 11-1 FD-CNMR-B 型连续波核磁共振实验仪

1）磁铁

磁铁的作用是产生稳恒磁场 B_0，它是核磁共振实验装置的核心，要求磁铁能够产生尽量强的、非常稳定的、非常均匀的磁场。首先，强磁场有利于更好地观察核磁共振信号；其次，磁场空间分布的均匀性和稳定性越好，则核磁共振实验仪的分辨率越高。核磁共振实验装置中的磁铁有三类：永久磁铁、电磁铁和超导磁铁。永久磁铁的优点是：不需要磁铁电源和冷却装置，运行费用低，而且稳定度高。电磁铁的优点是通过改变励磁电流可以在较大范围内改变磁场的大小。为了产生所需要的磁场，电磁铁需要很稳定的大功率直流电源和冷却系统，另外还需要保持电磁铁温度恒定。超导磁铁的最大优点是能够产生高达十几特斯拉的强磁场，对大幅度提高核磁共振谱仪的灵敏度和分辨率极为有益，同时磁场的均匀性和稳定性也很好，是现代谱仪较理想的磁铁，但使用液氮或液氦给实验带来了不便。

2）边限振荡器

边限振荡器具有与一般振荡器不同的输出特性，其输出幅度随外界吸收能量的轻微增加而明显下降，当吸收能量大于某一阈值时即停振，因此通常被调整在振荡和不振荡的边缘状态，故称为边限振荡器。

样品放在边限振荡器的振荡线圈中，振荡线圈放在固定磁场 B_0 中。由于边限振荡器处于振荡与不振荡的边缘，因此当样品吸收的能量不同（即线圈的 Q 值发生变化）时，振荡器的振幅将有较大的变化。当发生共振时，样品吸收增强，振荡变弱，经过二极管的倍压检波，就可以把反映振荡器振幅大小变化的共振吸收信号检测出来，进而用示波器显示。由于采用边限振荡器，所以射频场 B_1 很弱，饱和的影响很小。但如果电路调节得不好，偏离边限振荡器状态很远，一方面射频场 B_1 很强，出现饱和效应，另一方面，样品中少量的能量吸收对振幅的影响很小，这时就有可能观察不到共振吸收信号。这种把发射线圈兼作接收线圈的探测方法称为单线圈法。

3）扫场单元

观察核磁共振信号最好的手段是使用示波器，但是示波器只能观察交变信号，所以必须想办法使核磁共振信号交替出现。有两种方法可以达到这一目的：一种是扫频法，即让磁场 B_0 固定，使射频场 B_1 的频率 ω 连续变化通过共振区域，当 $\omega = \omega_0 = \gamma B_0$ 时出现共振峰；另一种方法是扫场法，即把射频场 B_1 的频率 ω 固定，而让磁场 B_0 连续变化通过共振区域。这两种方法是完全等效的，显示的都是共振吸收信号 v 与频率差（$\omega - \omega_0$）之间的关系曲线。

由于扫场法简单易行，确定共振频率比较准确，所以现在通常采用大调制场技术。在

稳恒磁场 $\boldsymbol{B}_0$ 上叠加一个低频调制磁场 $B_\mathrm{m}\sin\omega't$，这个低频调制磁场就是由扫场单元(实际上是一对亥姆霍兹线圈)产生的，那么此时样品所在区域的实际磁场为 $B_0+B_\mathrm{m}\sin\omega't$。由于调制场的幅度 B_m 很小，因此总磁场的方向保持不变，只是磁场的幅值按调制频率发生周期性变化(其最大值为 B_0+B_m，最小值为 B_0-B_m)，相应的拉摩尔进动频率 ω_0 也发生周期性变化，即

$$\omega_0=\gamma\cdot(B_0+B_\mathrm{m}\sin\omega't) \tag{11-1}$$

这时只要射频场的角频率 ω 调制在 ω_0 变化范围之内，同时调制磁场扫过共振区域，即 $B_0-B_\mathrm{m}\leqslant B_0\leqslant B_0+B_\mathrm{m}$，则共振条件在调制场的一个周期内被满足两次，所以可以在示波器上观察到如图 11-2(b)所示的共振吸收信号。此时若调节射频场的频率，则吸收曲线上的吸收峰将左右移动。当这些吸收峰间距相等时，如图 11-2(a)所示，说明在这个频率下的共振磁场为 B_0。

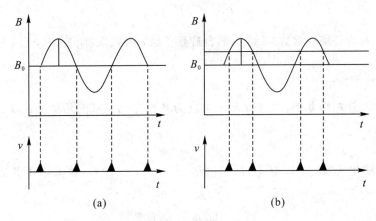

图 11-2　扫场法检测共振吸收信号

值得指出的是，如果扫场速度很快，即通过共振点的时间比弛豫时间小得多，这时共振吸收信号的形状会发生很大的变化。在通过共振点之后，会出现衰减振荡，这个衰减的振荡称为尾波。这种尾波非常有用，因为磁场越均匀，尾波越大，所以应调节匀场线圈使尾波达到最大。

2. 性能指标

测量原子核：氢核和氟核；

信噪比：优于 46 dB(H)；

振荡频率：范围为 17～23 MHz，连续可调；

磁铁磁极：直径为 100 mm，间隙为 20 mm；

信号幅度：$H>5$ V，$F>300$ mV；

磁铁均匀度：优于 8×10^{-6}；

磁场调节：调节范围 160 Gs(调场线圈)；

尾波个数：大于 15 个。

三、实验原理

下面我们以氢核为主要研究对象，来介绍核磁共振的基本原理和观测方法。氢核虽然

是最简单的原子核，但它是目前在核磁共振应用中最常见和最有用的原子核。

1. 核磁共振的量子力学描述

1）单个核的磁共振

通常将原子核的总磁矩在其角动量 $\boldsymbol{P}$ 方向上的投影 $\boldsymbol{\mu}$ 称为核磁矩，它们之间的关系通常写成

$$\boldsymbol{\mu}=\gamma \cdot \boldsymbol{P} \quad 或 \quad \boldsymbol{\mu}=g_{\mathrm{N}} \cdot \frac{e}{2m_{\mathrm{p}}} \cdot \boldsymbol{P} \tag{11-2}$$

式中，$\gamma=g_{\mathrm{N}} \cdot \dfrac{e}{2m_{\mathrm{p}}}$ 称为旋磁比，e 为电子电量，m_{p} 为质子质量，g_{N} 为朗德因子。对氢核来说，$g_{\mathrm{N}}=5.5851$。

按照量子力学，原子核角动量的大小由下式决定：

$$P=\sqrt{I(I+1)}\,\eta \tag{11-3}$$

式中，$\eta=\dfrac{h}{2\pi}$，h 为普朗克常数。I 为核的自旋量子数，可以取 0，$\dfrac{1}{2}$，1，$\dfrac{3}{2}$，$\cdots$，对氢核来说，$I=\dfrac{1}{2}$。

将氢核放入外磁场 $\boldsymbol{B}$ 中，设坐标轴 z 方向为 $\boldsymbol{B}$ 的方向。核的角动量在 $\boldsymbol{B}$ 方向上的投影值由下式决定：

$$P_B=m \cdot \eta \tag{11-4}$$

式中，m 称为磁量子数，可以取 I，$I-1$，$\cdots$，$-(I-1)$，$-I$。核磁矩在 $\boldsymbol{B}$ 方向上的投影值为

$$\mu_B=g_{\mathrm{N}} \frac{e}{2m_{\mathrm{p}}} P_B=g_{\mathrm{N}}\left(\frac{e\eta}{2m_{\mathrm{p}}}\right)m$$

也可写为

$$\mu_B=g_{\mathrm{N}}\mu_{\mathrm{N}} m \tag{11-5}$$

式中，$\mu_{\mathrm{N}}=5.050\,787\times10^{-27}\ \mathrm{JT^{-1}}$，称为核磁子，是核磁矩的单位。

磁矩为 $\boldsymbol{\mu}$ 的原子核在恒定磁场 $\boldsymbol{B}$ 中具有的势能为

$$E=-\boldsymbol{\mu} \cdot \boldsymbol{B}=-\mu_B B=-g_{\mathrm{N}}\mu_{\mathrm{N}} mB$$

任何两个能级之间的能量差为

$$\Delta E=E_{m_1}-E_{m_2}=-g_{\mathrm{N}}\mu_{\mathrm{N}} B(m_1-m_2) \tag{11-6}$$

考虑最简单的情况，对氢核而言，自旋量子数 $I=\dfrac{1}{2}$，所以磁量子数 m 只能取两个值，即 $m=\dfrac{1}{2}$ 和 $m=-\dfrac{1}{2}$。磁矩在外场方向上的投影也只能取两个值，如图 11-3(a)所示，与此相对应的能级如图 11-3(b)所示。

根据量子力学中的选择定则，只有 $\Delta m=\pm 1$ 的两个能级之间才能发生跃迁，这两个跃迁能级之间的能量差为

$$\Delta E=g_{\mathrm{N}} \cdot \mu_{\mathrm{N}} \cdot B \tag{11-7}$$

由这个公式可知：相邻两个能级之间的能量差 ΔE 与外磁场 $\boldsymbol{B}$ 的大小成正比，磁场越强，则两个能级分裂就越大。

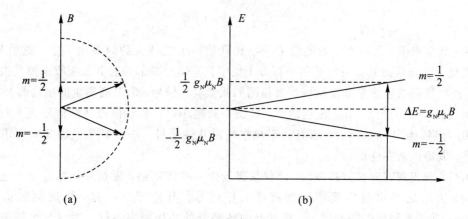

图 11-3 氢核能级在外磁场中的分裂

如果实验时外磁场为 B_0，在该稳恒磁场区域又叠加一个电磁波作用于氢核，如果电磁波的能量 $h\nu_0$ 恰好等于这时氢核两能级的能量差 $g_N\mu_N B_0$，即

$$h\nu_0 = g_N\mu_N B_0 \tag{11-8}$$

则氢核就会吸收电磁波的能量，由 $m=-\dfrac{1}{2}$ 的能级跃迁到 $m=\dfrac{1}{2}$ 的能级，这就是核磁共振吸收现象。式(11-8)就是核磁共振条件。为了应用上的方便，常写成

$$\nu_0 = \left(\frac{g_N \cdot \mu_N}{h}\right)B_0$$

即

$$\omega_0 = \gamma \cdot B_0 \tag{11-9}$$

2）核磁共振信号的强度

上面讨论的是单个核放在外磁场中的核磁共振理论，但实验中所用的样品都是大量同类核的集合。如果处于高能级上的核数目与处于低能级上的核数目没有差别，则在电磁波的激发下，上下能级上的核都要发生跃迁，并且跃迁几率是相等的，吸收能量等于辐射能量，我们就观察不到任何核磁共振信号。只有当低能级上的原子核数目大于高能级上的原子核数目，吸收能量比辐射能量多，这样才能观察到核磁共振信号。在热平衡状态下，核数目在两个能级上的相对分布由玻尔兹曼因子决定，即有

$$\frac{N_2}{N_1} = \exp\left(-\frac{\Delta E}{kT}\right) = \exp\left(-\frac{g_N\mu_N B_0}{kT}\right) \tag{11-10}$$

式中，N_1 为低能级上的核数目，N_2 为高能级上的核数目，ΔE 为上下能级间的能量差，k 为玻尔兹曼常数，T 为绝对温度。当 $g_N\mu_N B_0 \ll kT$ 时，式(11-10)可以近似写成

$$\frac{N_2}{N_1} = 1 - \frac{g_N\mu_N B_0}{kT} \tag{11-11}$$

式(11-11)说明，低能级上的核数目比高能级上的核数目略微多一点。对氢核来说，如果实验温度 $T=300$ K，外磁场 $B_0=1$ T，则

$$\frac{N_2}{N_1} = 1 - 6.75 \times 10^{-6}$$

或

$$\frac{N_1 - N_2}{N_1} \approx 7 \times 10^{-6}$$

这说明，在室温下，每百万个低能级上的核比高能级上的核大约只多出 7 个。这就是说，在低能级上参与核磁共振吸收的每一百万个核中只有 7 个核的核磁共振吸收未被共振辐射抵消，所以核磁共振信号非常微弱。要检测如此微弱的信号，需要高质量的接收器。

由式(11-11)可以看出，温度越高，粒子差数越小，对观察核磁共振信号越不利。外磁场 B_0 越强，粒子差数越大，越有利于观察核磁共振信号。一般核磁共振实验要求磁场强一些，其原因就在这里。

另外，要想观察到核磁共振信号，仅仅磁场强一些还不够，磁场在样品范围内还应高度均匀，否则磁场再强也观察不到核磁共振信号。其原因之一是，核磁共振信号由式(11-8)决定，如果磁场不均匀，则样品内各部分的共振频率不同。对于某个频率的电磁波，将只有少数核参与共振，结果信号会被噪声所淹没，难以观察到核磁共振信号。

2. 核磁共振的经典力学描述

下面从经典理论观点来讨论核磁共振问题。把经典理论核矢量模型用于微观粒子是不严格的，但是它对某些问题可以做一定的解释，数值上不一定正确，但可以给出一个清晰的物理图像，帮助我们理解问题的实质。

1）单个核的拉摩尔进动

我们知道，如果陀螺不旋转，当它的轴线偏离竖直方向时，在重力作用下，它就会倒下来，但是如果陀螺本身作自转运动，它就不会倒下，而是绕着重力方向作进动，如图 11-4 所示。

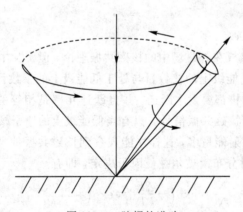

图 11-4   陀螺的进动

由于原子核具有自旋磁矩，所以它在外磁场中的行为与陀螺在重力场中的行为是完全一样的。设核的角动量为 $\boldsymbol{P}$，磁矩为 $\boldsymbol{\mu}$，外磁场为 $\boldsymbol{B}$，由经典理论可知

$$\frac{\mathrm{d}\boldsymbol{P}}{\mathrm{d}t} = \boldsymbol{\mu} \times \boldsymbol{B} \tag{11-12}$$

由于 $\boldsymbol{\mu} = \gamma \cdot \boldsymbol{P}$，所以有

$$\frac{\mathrm{d}\boldsymbol{\mu}}{\mathrm{d}t} = \gamma \cdot \boldsymbol{\mu} \times \boldsymbol{B} \tag{11-13}$$

写成分量的形式则为

$$\begin{cases} \dfrac{\mathrm{d}\mu_x}{\mathrm{d}t} = \gamma \cdot (\mu_y B_z - \mu_z B_y) \\[2mm] \dfrac{\mathrm{d}\mu_y}{\mathrm{d}t} = \gamma \cdot (\mu_z B_x - \mu_x B_z) \\[2mm] \dfrac{\mathrm{d}\mu_z}{\mathrm{d}t} = \gamma \cdot (\mu_x B_y - \mu_y B_x) \end{cases} \tag{11-14}$$

若设稳恒磁场为 $\boldsymbol{B}_0$，且 z 轴沿 $\boldsymbol{B}_0$ 方向，即 $B_x = B_y = 0$，$B_z = B_0$，则式(11-14)将变为

$$\begin{cases} \dfrac{\mathrm{d}\mu_x}{\mathrm{d}t} = \gamma \cdot \mu_y B_0 \\[2mm] \dfrac{\mathrm{d}\mu_y}{\mathrm{d}t} = -\gamma \cdot \mu_x B_0 \\[2mm] \dfrac{\mathrm{d}\mu_z}{\mathrm{d}t} = 0 \end{cases} \tag{11-15}$$

由此可见，磁矩分量 μ_z 是一个常数，即磁矩 $\boldsymbol{\mu}$ 在 $\boldsymbol{B}_0$ 方向上的投影将保持不变。将式(11-15)的第一式对 t 求导，并把第二式代入有

$$\frac{\mathrm{d}^2\mu_x}{\mathrm{d}t^2} = \gamma \cdot B_0 \frac{\mathrm{d}\mu_y}{\mathrm{d}t} = -\gamma^2 B_0^2 \mu_x$$

即

$$\frac{\mathrm{d}^2\mu_x}{\mathrm{d}t^2} + \gamma^2 B_0^2 \mu_x = 0 \tag{11-16}$$

这是一个简谐运动方程，其解为 $\mu_x = A\cos(\gamma \cdot B_0 t + \varphi)$。将式(11-16)代入式(11-15)的第一式得到

$$\mu_y = \frac{1}{\gamma \cdot B_0} \frac{\mathrm{d}\mu_x}{\mathrm{d}t} = -\frac{1}{\gamma \cdot B_0} \gamma \cdot B_0 A\sin(\gamma \cdot B_0 t + \varphi) = -A\sin(\gamma \cdot B_0 t + \varphi)$$

以 $\omega_0 = \gamma \cdot B_0$ 代入，有

$$\begin{cases} \mu_x = A\cos(\omega_0 t + \varphi) \\[1mm] \mu_y = -A\sin(\omega_0 t + \varphi) \\[1mm] \mu_L = \sqrt{(\mu_x + \mu_y)^2} = A = \text{常数} \end{cases} \tag{11-17}$$

由此可知，核磁矩 $\boldsymbol{\mu}$ 在稳恒磁场中的运动特点是：

（1）它围绕外磁场 $\boldsymbol{B}_0$ 作进动，进动的角频率为 $\omega_0 = \gamma \cdot B_0$，与 $\boldsymbol{\mu}$ 和 $\boldsymbol{B}_0$ 之间的夹角 θ 无关。

（2）它在 xy 平面上的投影 μ_L 是常数。

（3）它在外磁场 $\boldsymbol{B}_0$ 方向上的投影 μ_z 为常数。

核磁矩在外磁场中的运动图像如图 11-5 所示。

下面来研究如果在与 $\boldsymbol{B}_0$ 垂直的方向上加一个旋转磁场 $\boldsymbol{B}_1$，且 $B_1 \ll B_0$，会出现什么情况。如果这时再在垂直于 $\boldsymbol{B}_0$ 的平面内加上一个弱的旋转磁

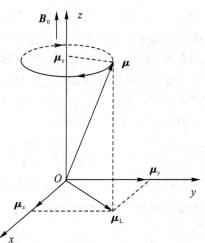

图 11-5　磁矩在外磁场中的运动

场 B_1，B_1 的角频率和转动方向与磁矩 μ 的进动角频率和转动方向都相同，如图 11-6 所示。这时，合磁矩 μ 除了受到 B_0 的作用之外，还要受到旋转磁场 B_1 的影响。即 μ 除了要围绕 B_0 进动之外，还要绕 B_1 进动，所以 μ 与 B_0 之间的夹角 θ 将发生变化。由合磁矩的势能：

$$E=-\mu \cdot B=-\mu \cdot B_0 \cos\theta \quad (11-18)$$

可知，θ 的变化意味着核的能量状态的变化。当 θ 值增加时，核要从旋转磁场 B_1 中吸收能量，这就是核磁共振。产生共振的条件为

$$\omega=\omega_0=\gamma \cdot B_0 \quad (11-19)$$

这一结论与量子力学得出的结论完全一致。

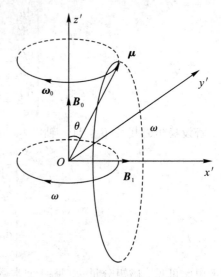

图 11-6 转动坐标系中的磁矩

如果旋转磁场 B_1 的转动角频率 ω 与核磁矩 μ 的进动角频率 ω_0 不相等，即 $\omega \neq \omega_0$，则角度 θ 的变化不显著。平均来说，θ 角的变化为零，原子核没有吸收磁场的能量，因此就观察不到核磁共振信号。

2）布洛赫方程

上面讨论的是单个核的核磁共振，但我们实验中研究的样品不是单个核磁矩，而是由这些磁矩构成的磁化强度矢量 M。另外，我们研究的系统并不是孤立的，而是与周围物质有一定的相互作用。只有全面考虑了这些问题，才能建立起核磁共振理论。

因为磁化强度矢量 M 是单位体积内核磁矩 μ 的矢量和，所以有

$$\frac{\mathrm{d}M}{\mathrm{d}t}=\gamma \cdot (M \times B) \quad (11-20)$$

它表明磁化强度矢量 M 围绕着外磁场 B_0 运动，运动的角频率 $\omega=\gamma \cdot B$。设外磁场 B_0 沿着 z 轴方向，再沿着 x 轴方向加上一射频场，则有

$$B_1=2B_1 \cos(\omega t) e_x \quad (11-21)$$

式中，e_x 为 x 轴上的单位矢量，$2B_1$ 为振幅。这个线偏振场可以看做左旋圆偏振场和右旋圆偏振场的叠加，如图 11-7 所示。在这两个圆偏振场中，只有当圆偏振场的旋转方向与进动方向相同时才起作用，所以对于 γ 为正的系统，起作用的是顺时针方向的圆偏振场，即

$$M_z=M_0=\chi_0 H_0=\frac{\chi_0 B_0}{\mu_0}$$

式中，χ_0 是静磁化率，μ_0 为真空中的磁导率，M_0 是自旋系统与晶格达到热平衡时自旋系统的磁化强度。

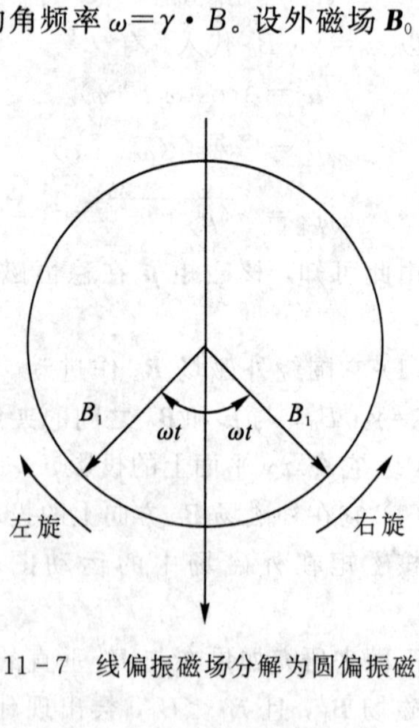

原子核系统吸收了射频场能量之后，处于高能态的粒子数目增多，亦使得 $M_z<M_0$，从而偏离了热平衡状态。由于自旋与晶格的相互

图 11-7 线偏振磁场分解为圆偏振磁场

作用，晶格将吸收核的能量，使原子核跃迁到低能态而向热平衡过渡。表示这个过渡的特征时间称为纵向弛豫时间，用 T_1 表示（它反映了沿外磁场方向上磁化强度 M_z 恢复到平衡值 M_0 所需时间的大小）。考虑了纵向弛豫作用后，可假定 M_z 向平衡值 M_0 过渡的速度与 M_z 偏离 M_0 的程度（$M_0 - M_z$）成正比，即有

$$\frac{\mathrm{d}M_z}{\mathrm{d}t} = -\frac{M_z - M_0}{T_1} \tag{11-22}$$

此外，自旋与自旋之间也存在相互作用，M 的横向分量也要由非平衡态时的 M_x 和 M_y 向平衡态时的值 $M_x = M_y = 0$ 过渡，表征这个过程的特征时间为横向弛豫时间，用 T_2 表示。与 M_z 类似，可以假定：

$$\begin{cases} \dfrac{\mathrm{d}M_x}{\mathrm{d}t} = -\dfrac{M_x}{T_2} \\[2mm] \dfrac{\mathrm{d}M_y}{\mathrm{d}t} = -\dfrac{M_y}{T_2} \end{cases} \tag{11-23}$$

前面分别分析了外磁场和弛豫过程对核磁化强度矢量 M 的作用。当上述两种作用同时存在时，描述核磁共振现象的基本运动方程可表示为

$$\frac{\mathrm{d}\boldsymbol{M}}{\mathrm{d}t} = \gamma \cdot (\boldsymbol{M} \times \boldsymbol{B}) - \frac{1}{T_2}(M_x \boldsymbol{i} + M_y \boldsymbol{j}) - \frac{M_z - M_0}{T_1}\boldsymbol{k} \tag{11-24}$$

该方程称为布洛赫方程。式中，$\boldsymbol{i}$、$\boldsymbol{j}$、$\boldsymbol{k}$ 分别是 x、y、z 方向上的单位矢量。

值得注意的是，式中 $\boldsymbol{B}$ 是外磁场 $\boldsymbol{B}_0$ 与线偏振场 $\boldsymbol{B}_1$ 的叠加。其中，$\boldsymbol{B}_0 = B_0\boldsymbol{k}$，$\boldsymbol{B}_1 = B_1\cos(\omega t)\boldsymbol{i} - B_1\sin(\omega t)\boldsymbol{j}$，$\boldsymbol{M} \times \boldsymbol{B}$ 的三个分量是

$$\begin{cases} (M_y B_0 + M_z B_1 \sin\omega t)\boldsymbol{i} \\ (M_z B_1 \cos\omega t - M_x B_0)\boldsymbol{j} \\ (-M_x B_1 \sin\omega t - M_y B_1 \cos\omega t)\boldsymbol{k} \end{cases} \tag{11-25}$$

这样，布洛赫方程写成分量形式为

$$\begin{cases} \dfrac{\mathrm{d}M_x}{\mathrm{d}t} = \gamma \cdot (M_y B_0 + M_z B_1 \sin\omega t) - \dfrac{M_x}{T_2} \\[2mm] \dfrac{\mathrm{d}M_y}{\mathrm{d}t} = \gamma \cdot (M_z B_1 \cos\omega t - M_x B_0) - \dfrac{M_y}{T_2} \\[2mm] \dfrac{\mathrm{d}M_z}{\mathrm{d}t} = -\gamma \cdot (M_x B_1 \sin\omega t + M_y B_1 \cos\omega t) - \dfrac{M_z - M_0}{T_1} \end{cases} \tag{11-26}$$

在各种条件下解布洛赫方程，可以解释各种核磁共振现象。一般来说，布洛赫方程中含有 $\cos\omega t$、$\sin\omega t$ 这些高频振荡项，解起来很麻烦。如果能对它进行坐标变换，将它变换到旋转坐标系中，解起来就容易得多。

如图 11-8 所示，取新坐标系 $x'y'z'$，z' 与原来的实验室坐标系中的 z 重合，旋转磁场 $\boldsymbol{B}_1$ 与 x' 重合。显然，新坐标系是与旋转磁场以同一频率 ω 转动的旋转坐标系。图中，$\boldsymbol{M}_\perp$ 是 M 在垂直于恒定磁场方向上的分量，即 M 在 xy 平面内的分量，设 u 和 v 是 $\boldsymbol{M}_\perp$ 在 x' 和 y' 方向上的分量，则

$$\begin{cases} M_x = u\cos\omega t - v\sin\omega t \\ M_y = -v\cos\omega t - u\sin\omega t \end{cases} \tag{11-27}$$

把它们代入式（11-26）即得

$$\begin{cases} \dfrac{\mathrm{d}u}{\mathrm{d}t} = -(\omega_0 - \omega)v - \dfrac{u}{T_2} \\[2mm] \dfrac{\mathrm{d}v}{\mathrm{d}t} = (\omega_0 - \omega)u - \dfrac{v}{T_2} - \gamma B_1 M_z \\[2mm] \dfrac{\mathrm{d}M_z}{\mathrm{d}t} = \dfrac{M_0 - M_z}{T_1} + \gamma B_1 v \end{cases} \tag{11-28}$$

式中，$\omega_0 = \gamma B_0$。式(11-28)表明，M_z 的变化是 v 的函数，而不是 u 的函数，而 M_z 的变化表示核磁化强度矢量的能量变化，所以 v 的变化反映了系统能量的变化。

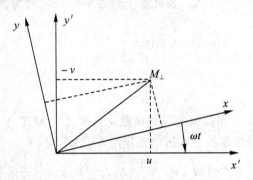

图 11-8　旋转坐标系

从式(11-28)可以看出，它们已经不包括 $\cos\omega t$、$\sin\omega t$ 这些高频振荡项了，但要严格求解仍是相当困难的，通常需要根据实验条件来进行简化。如果磁场或频率的变化十分缓慢，则可以认为 u、v、M_z 都不随时间发生变化，$\dfrac{\mathrm{d}u}{\mathrm{d}t} = 0$，$\dfrac{\mathrm{d}v}{\mathrm{d}t} = 0$，$\dfrac{\mathrm{d}M_z}{\mathrm{d}t} = 0$，即系统达到稳定状态，此时上式的解称为稳态解，有

$$\begin{cases} u = \dfrac{\gamma B_1 T_2^2 (\omega_0 - \omega) M_0}{1 + T_2^2 (\omega_0 - \omega)^2 + \gamma^2 B_1^2 T_1 T_2} \\[3mm] v = \dfrac{\gamma B_1 M_0 T_2}{1 + T_2^2 (\omega_0 - \omega)^2 + \gamma^2 B_1^2 T_1 T_2} \\[3mm] M_z = \dfrac{[1 + T_2^2 (\omega_0 - \omega)] M_0}{1 + T_2^2 (\omega_0 - \omega)^2 + \gamma^2 B_1^2 T_1 T_2} \end{cases} \tag{11-29}$$

根据式(11-29)中前两式可以画出 u 和 v 随 ω 变化的函数关系曲线。根据曲线可知，当外加旋转磁场 **B_1** 的角频率 ω 等于 **M** 在磁场 **B_0** 中的进动角频率 ω_0 时，吸收信号最强，即出现共振吸收现象。

3) 结果分析

由上面得到的布洛赫方程的稳态解可以看出，稳态共振吸收信号有几个重要特点：

(1) 当 $\omega = \omega_0$ 时，v 值为极大，可以表示为 $v_{\text{极大}} = \dfrac{\gamma B_1 T_2 M_0}{1 + \gamma^2 B_1^2 T_1 T_2}$。可见，$B_1 = \dfrac{1}{\gamma \cdot (T_1 T_2)^{1/2}}$ 时，v 达到最大值 $v_{\max} = \dfrac{1}{2}\sqrt{\dfrac{T_2}{T_1}} M_0$。由此表明，吸收信号的最大值并不是要求 B_1 无限地弱，而是要求它有一定的大小。

(2) 共振时 $\Delta\omega = \omega_0 - \omega = 0$，则吸收信号的表示式中包含有 $S = \dfrac{1}{1 + \gamma B_1^2 T_1 T_2}$ 项。也就

是说，B_1 增加时，S 值减小，这就意味着自旋系统吸收的能量减少，相当于高能级部分地被饱和，所以人们称 S 为饱和因子。

（3）实际的核磁共振吸收不是只发生在由式（11-8）所决定的单一频率上，而是发生在一定的频率范围内，即谱线有一定的宽度。通常把吸收曲线半高度的宽度所对应的频率间隔称为共振线宽，由于弛豫过程造成的线宽称为本征线宽，外磁场 B_0 不均匀也会使吸收谱线加宽。由式（11-29）可以看出，吸收曲线的半宽度为

$$\omega_0 - \omega = \frac{1}{T_2(1 - \gamma^2 B_1^2 T_1 T_2^{1/2})} \qquad (11-30)$$

可见，线宽主要由 T_2 值决定，所以横向弛豫时间是线宽的主要参数。

四、实验内容

（1）观察水中氢核（即质子）的核磁共振现象，并比较纯水样品（5♯）与水中加入少量顺磁离子的样品（如 1♯、2♯、6♯样品），以及 4♯有机物丙三醇样品的核磁共振信号的变化。

（2）利用特斯拉计测量样品所在位置处的磁感应强度，根据频率计读出的共振频率可以计算出样品的旋磁比，与标准值对照，验证满足共振条件 $\omega_0 = \gamma \cdot B_0$ 时可以观察到核磁共振信号的结论（已知氢核的旋磁比 $\gamma_H = 2.6752 \times 10^8$ rad Hz/T，氟核的旋磁比为 $\gamma_F = 2.5167 \times 10^8$ rad Hz/T）。

（3）已知质子的旋磁比 $\gamma = 2.6752 \times 10^8$ rad/T·s，首先放入 1♯或者 2♯、5♯、6♯样品，调节并观察核磁共振信号，从频率计读出共振频率，根据共振条件 $\omega_0 = \gamma \cdot B_0$，求出此时的磁感应强度 B_0。不改变样品在磁场中的位置，将样品换为 3♯氢氟酸样品，调节并观察氟的共振信号（注意：氟的核磁共振信号较小，应仔细调节），然后根据刚才得到的 B_0 计算氟核的旋磁比 γ_F、朗德因子 g_F 和核磁矩 μ_F。

（4）精确测量磁场。核磁共振是精确测量磁场的方法之一，可以用来校准特斯拉计。如果已知氢核（即质子）的旋磁比，测量共振频率，根据共振条件就可以求出磁感应强度，用计算值来校准特斯拉计。

（5）放入共振信号较明显的样品，如 1♯和 2♯样品，观察信号尾波，在磁场空间中移动探头，了解磁场均匀性对尾波的影响。

（6）李萨如图形的观测。以上观测全部采用示波器内扫法，观察到的是等间隔的共振吸收信号，也可以将扫场信号及共振信号同时输出至示波器，观察到的是对称的信号波形，调节频率及相位，使共振峰重合并处于中央位置，这时频率和磁场也满足条件 $\omega_0 = \gamma \cdot B_0$。

具体的操作方法如下：

1. 熟悉各仪器的性能并连接

实验中，FD-CNMR-B 型连续波核磁共振仪主要应用四部分：磁铁、实验主机（其上装有探头，探头内装样品）、频率计和示波器。

（1）将探头旋进边限振荡器后面板的指定位置，并将测量样品插入探头内（一般首先选用 1♯样品，即溶有硫酸铜的水）。

（2）将主机后面板上"扫场输出"和"调场输出"分别与磁铁面板上的"扫场电源"和"调

场电源"用红黑连接线连接，主机后的"移相输出"用 Q9 连接线接示波器"CH1"通道，主机后的"接示波器"连接示波器的"CH2"通道，"接频率计"用 Q9 线连接至频率计，5 芯航空插接毫特计探头(频率计的通道选择 A 通道，即 1 Hz～100 MHz；FUNCTION 选择 FA；GATE TIME 选择 1s)。

(3) 移动探头连同样品放入磁场中，并调节主机机箱底部的四个调节螺丝，调整探头放置的位置以保证内部线圈产生的射频磁场方向与稳恒磁场方向垂直。

(4) 打开主机电源预热一段时间，准备后面的仪器调试。

2. 核磁共振信号的调节

FD－CNMR－B 型连续波核磁共振实验仪配备了五种样品：1♯—溶有硫酸铜的水；2♯—溶有三氯化铁的水；3♯—氢氟酸；4♯—丙三醇；5♯—纯水；6♯—溶有硫酸锰的水。实验中，因为 1♯ 样品的共振信号比较明显，所以开始时应该用 1♯ 样品，熟悉了实验操作之后，再选用其他样品调节。

(1) 将磁场扫描电源的"扫描输出"旋钮顺时针调节至接近最大(旋至最大后，再往回旋半圈，因为最大时电位器电阻为零，输出短路，因而对仪器有一定的损伤)，这样可以加大捕捉信号的范围。

(2) 将主机上"励磁电压"调节至零(可以通过中间白色波段开关左转指示，右转指示"射频幅度")，因为励磁电压通过改变磁铁上两个线圈上的电压来小范围改变磁场(迭加在永磁场之上)，所以一开始调制时先将该磁场调零，有利于共振信号的调节。

(3) "切换指示"开关右拨，调节"射频幅度"电位器使射频幅度显示 4 V 左右。

(4) 调节边限振荡器的频率"粗调"电位器，将频率调至磁铁标志的 H 共振频率附近，然后旋转频率调节"细调"旋钮，在此附近捕捉信号，当满足共振条件 $\omega = \gamma B_0$ 时，可以观察到如图 11－9 所示的共振信号。调节旋钮时要尽量缓慢，因为共振范围非常小，很容易跳过。

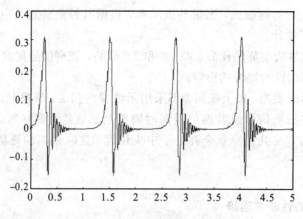

图 11－9　用示波器观察核磁共振信号

注意：因为磁铁的磁感应强度随温度的变化而变化(成反比关系)，所以应在标志频率附近±1 MHz 范围内进行信号的捕捉！

(5) 基本调出大致共振信号后，降低扫描幅度，"微调"频率至信号等宽，同时调节样品在磁铁中的空间位置以得到尾波最多的共振信号。

（6）测量氢氟酸中氟原子核时，将测得的氢核的共振频率÷42.577×40.055，即得到氟的共振频率（例如，测量得到氢核的共振频率为20.000 MHz，则氟的共振频率为20.000÷42.577×40.055 MHz＝18.815 MHz）。将氢氟酸样品放入探头中，将频率调节至磁铁上标志的氟的共振频率值，并仔细调节得到共振信号。由于氟的共振信号比较小，故此时应适当降低扫描幅度（一般不大于3 V），这是因为样品的弛豫时间过长会导致饱和现象而引起信号变弱。实验时使用的射频幅度随样品而异。表11－1列举了部分样品的最佳射频幅度范围，在初次调试时应注意，否则信号太小不容易观测。

表 11－1 部分样品的弛豫时间及最佳射频幅度范围

样品	弛豫时间/T_1	最佳射频幅度范围
硫酸铜溶液	约 0.1 ms	3～4 V
甘油	约 25 ms	0.5～2 V
纯水	约 2 s	0.1～1 V
氢氟酸（氟原子）	约 0.1 ms	0.5～3 V

3. 李萨如图形的观测

上面采用示波器内扫法，观察到的是等间隔的共振吸收信号。在前面信号调节的基础上，按下示波器上的"X－Y"按钮，当磁场扫描到共振点时，就可以在示波器上观察到两个形状对称的信号波形，它对应于调制磁场一个周期内发生的两次核磁共振。调节频率及磁场扫描电源上的"X轴幅度"及"X轴相位"旋钮，使共振信号波形处于中间位置并使两峰完全重合，这时共振频率和磁场满足条件 $\omega_0＝\gamma B_0$。

4. 改变共振磁场，观察信号

调节"励磁电压"电位器，改变共振磁场强度，可以观察到原来调好的共振信号马上消失，这是因为根据共振条件 $\omega_0＝\gamma B_0$，共振磁场改变了，相应的共振频率也要改变，此时仔细调节"边限振荡器"、"频率粗调"和"频率细调"电位器，又可以调节出核磁共振信号。可见，对于同一种样品，旋磁比一定，频率和磁场均满足共振条件才能产生核磁共振现象。

5. 毫特斯拉计的校准与磁场测量

根据共振条件 $\omega_0＝\gamma B_0$，已知氢原子核的旋磁比，通过频率计测量出共振频率，就可以精确计算出共振磁场的强度，此时可以用来精确校准毫特斯拉计（首先将探头放在磁场为零的地方，调节"调零"电位器使主机上的示数为零，然后将探头放入核磁共振磁铁缝隙中，根据计算出的磁场值，调节"校正"电位器使主机显示值等于计算值），注意要将探头放在样品位置附近（基于磁场均匀性的问题）。因为精度较高，核磁共振法已成为非常重要的磁场校准方法。校准好的毫特斯拉计可以用来精确测量其他固定磁场强度。

下面是用1♯样品（加有硫酸铜的水，实验中测量的是氢核）和3♯样品（氢氟酸，实验中测量的是氟核）所完成的实验计算，仅供参考。

实验方法：假设已知氢核的旋磁比为 $\gamma_N＝2.6752×10^8$ rad Hz/T，首先放入1♯样品，调节出稳定的共振信号，从频率计上读出共振频率，根据共振条件 $\omega_0＝\gamma B_0$ 可以计算出样品所在位置处的磁感应强度。记下此时样品所在磁场中的空间位置，将1♯样品换成3♯样品，不改变磁铁位置，以保证两次测量样品所处磁场的磁感应强度相同，调节氟的共振信号。注意，氟的信号较小，应该仔细调节，根据其共振频率，可以计算氟的旋磁比 γ_F、朗德因子 g_F 以及核磁矩 μ_F。

实验中，测得质子的共振频率为

$$f_1 = 21.1493 \text{ MHz}$$

由 $\omega_0 = \gamma B_0$，得

$$B_0 = \frac{\omega_0}{\gamma} = \frac{2\pi f_1}{\gamma_N} = \frac{2\pi 21.1493 \times 10^6}{2.6752 \times 10^8} = 0.4967 \text{ T}$$

即此时的磁感应强度为 4967 高斯。

换成 3♯ 样品后，测量得到氟的共振频率为

$$f_4 = 19.8980 \text{ MHz}$$

由 $\omega_0 = \gamma B_0$，得到

$$\gamma_F = \frac{\omega}{B_0} = \frac{2\pi \cdot f_4}{B_0} = \frac{2\pi 19.8980 \times 10^6}{0.4967} = 2.5158 \times 10^8 \text{ rad Hz/T}$$

与标准值 $\gamma_{F0} = 2.5167 \times 10^8$ rad Hz/T 相比，可见误差极小。

由 $\mu_F = g_F \frac{\mu_N}{\eta} P_F$ 和 $\mu_F = \gamma_F P_F$ 可以得到

$$g_F = \frac{\gamma_F \eta}{\mu_N} = \frac{2.5158 \times 10^8 \times 1.0546 \times 10^{-34}}{5.0508 \times 10^{-27}} = 5.2529$$

又由 $\mu_F = g_F I \mu_N$，式中 I 为自旋量子数，氟核的 I 值为 $\frac{1}{2}$，所以

$$\mu_F = 5.2529 \times 0.5 \times 5.0508 \times 10^{-27} = 13.2657 \times 10^{-27} \text{ J} \cdot \text{T}^{-1}$$

根据核磁子单位得到 $\mu_{F'} = \frac{\mu_F}{\mu_N} = \frac{13.2657 \times 10^{-27}}{5.0508 \times 10^{-27}} = 2.6265$，查阅相关资料可得氟核的磁矩标准值为 $\mu = 2.6273$，误差也非常小。

实验十二　微波段电子自旋共振实验

电子自旋的概念是 Pauli 在 1924 年首先提出的。1925 年，S. A. Goudsmit 和 G. Uhlenbeck 用它来解释某种元素的光谱精细结构获得成功。Stern 和 Gerlaok 也以实验直接证明了电子自旋磁矩的存在。

电子自旋共振（Electron Spin Resonance，ESR），又称顺磁共振（Electron Paramagnetic Resonance，EPR），它是指处于恒定磁场中的电子自旋磁矩在射频电磁场作用下发生的一种磁能级间的共振跃迁现象。这种共振跃迁现象只能发生在原子的固有磁矩不为零的顺磁材料中，称为电子顺磁共振，1944 年由前苏联的柴伏依斯基首先发现。它与核磁共振（NMR）现象十分相似，所以 1945 年 Purcell、Paund、Bloch 和 Hanson 等人提出的 NMR 实验技术后来也被用来观测 ESR 现象。

ESR 已成功地被应用于顺磁物质的研究，目前它在化学、物理、生物和医学等各方面都获得了极其广泛的应用。例如发现了过渡族元素的离子，研究半导体中的杂质和缺陷，研究离子晶体的结构、金属和半导体中电子交换的速度以及导电电子的性质等。所以，ESR 也是一种重要的近代物理实验技术。

ESR 的研究对象是具有不成对电子的物质，如

(1) 具有奇数个电子的原子，如氢原子；

(2) 内电子壳层未被充满的离子，如过渡族元素的离子；

(3) 具有奇数个电子的分子，如 NO；

(4) 某些虽不含奇数个电子，但总角动量不为零的分子，如 O_2；

(5) 在反应过程中或物质因受辐射作用而产生的自由基；

(6) 金属半导体中的未成对电子等。

通过对电子自旋共振波谱的研究，即可得到有关分子、原子或离子中未偶电子的状态及其周围环境方面的信息，从而得到有关的物理结构和化学键方面的信息。

用电子自旋共振方法研究未成对的电子，可以获得其他方法不能得到或不能准确得到的数据，如电子所在的位置，游离基所占的百分数等。

本实验仪器选用 FD – ESR – C 型微波段电子自旋共振实验仪，它主要用来测量 DPPH 样品的 ESR 吸收谱线，测量 g 因子，并分析微波系统的特性。该仪器测量准确、稳定可靠，实验内容丰富，可以用于物理类高年级学生专业实验以及近代物理实验。

一、实验目的

(1) 了解和掌握各个微波波导器件的功能和调节方法。

(2) 了解电子自旋共振的基本原理，比较电子自旋共振与核磁共振各自的特点。

(3) 观察微波段电子自旋共振现象，测量 DPPH 样品自由基中电子的朗德因子。

(4) 理解谐振腔中 TE_{10} 波形成驻波的情况，调节样品腔长，测量不同的共振点，确定

波导波长。

(5) 根据 DPPH 样品的谱线宽度，估算样品的横向弛豫时间（选做）。

二、实验仪器

FD－ESR－C 型微波电子自旋共振实验装置主要由四部分组成：磁铁系统、微波系统、实验主机系统以及双踪示波器，如图 12-1 所示。

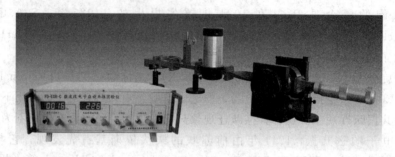

图 12-1　FD－ESR－C 型微波段电子自旋共振实验仪

(1) 短路活塞：调节范围 0～65 mm。

(2) 样品管外径：4.8 mm。

(3) 微波频率计：测量范围 8.2～12.4 GHz，分辨率为 0.005 GHz。

(4) 数字式高斯计：测量范围 0～2T，分辨率为 0.0001 T。

(5) 波导规格：BJ－100（波导内尺寸：22.86 mm×10.16 mm）。

三、实验原理

1. 实验样品

本实验测量的标准样品为含有自由基的有机物 DPPH(Di－Phenyl－Picryl－Hydrazyl)，称为二苯基苦酸基联氨，分子式为 $(C_6H_5)_2N-NC_6H_2(NO_2)_3$，结构式如图 12-2 所示。

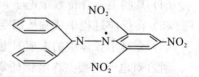

图 12-2　DPPH 分子结构式

它的第二个 N 原子少了一个共价键，有一个未偶电子，或者说有一个未配对的"自由电子"，是一个稳定的有机自由基。对于这种自由电子，它只有自旋角动量而没有轨道角动量，或者说它的轨道角动量完全猝灭了，所以在实验中能够较容易地观察到电子自旋共振现象。DPPH 中的"自由电子"并不是完全自由的，其 g 因子标准值为 2.0036，标准线宽为 $2.7×10^{-4}$ T。

2. 电子自旋共振(ESR)与核磁共振(NMR)的比较

电子自旋共振(ESR)和核磁共振(NMR)分别研究未偶电子和磁性核塞曼能级间的共振跃迁，其基本原理和实验方法上有许多共同之处，如共振与共振条件的经典处理，量子力学描述，弛豫理论及描述宏观磁化矢量的唯象布洛赫方程等。

由于玻尔磁子和核磁子之比等于质子质量与电子质量之比 1836.152710(37)（1986 年国际推荐值），因此，在相同磁场下，核塞曼能级裂距较电子塞曼能级裂距小三个数量级，这样在通常磁场条件下，ESR 的频率范围落在了电磁波谱的微波段，所以在弱磁场的情况下，可以观察电子自旋共振现象。根据玻尔兹曼分布规律，能级裂距大，上、下能级间粒子数的差值也大，因此 ESR 的灵敏度较 NMR 高，可以检测低至 10^{-4} mol 的样品，例如半导体中微量的特殊杂质。此外，由于电子磁矩较核磁矩大三个数量级，电子的顺磁弛豫相互作用较核弛豫相互作用强很多，纵向弛豫时间 T_1 和横向弛豫时间 T_2 一般都很短，因此除自由基外，ESR 谱线一般都较宽。

ESR 只能考察与未偶电子相关的几个原子范围内的局部结构信息，对有机化合物的分析远不如 NMR 优越；但是 ESR 能方便地用于研究固体。ESR 的最大特点在于，它是检测物质中未偶电子唯一直接的方法，只要材料中有顺磁中心，就能够进行研究。即使样品中本来不存在未偶电子，也可以用吸附、电解、热解、高能辐射、氧化还原等化学反应和人工方法产生顺磁中心。

3. 电子自旋共振条件

由原子物理学可知，原子中电子的轨道角动量 P_l 和自旋角动量 P_s 会引起相应的轨道磁矩 μ_l 和自旋磁矩 μ_s，而 P_l 和 P_s 的总角动量 P_j 引起的相应电子总磁矩为

$$\mu_j = -g\frac{e}{m_e}P_j \tag{12-1}$$

式中，m_e 为电子质量，e 为电子电量，负号表示电子总磁矩方向与总角动量方向相反，g 是一个无量纲的常数，称为朗德因子。按照量子理论，由于电子的 L-S 耦合，朗德因子为

$$g = 1 + \frac{J(J+1)+S(S+1)-L(L+1)}{2J(J+1)} \tag{12-2}$$

式中，L、S 分别为对原子角动量 J 有贡献的各电子所合成的总轨道角动量和自旋角动量的量子数。由上式可见，若原子的磁矩完全由电子自旋所贡献$(L=0,S=J)$，则 $g=2$，反之，若磁矩完全由电子的轨道磁矩所贡献$(L=J,S=0)$，则 $g=1$。若两者都有贡献，则 g 的值在 1 与 2 之间。g 与原子的具体结构有关，通过实验精确测定 g 的数值可以判断电子运动状态，从而有助于了解原子的结构。

通常原子磁矩的单位用波尔磁子 μ_B 表示，则原子中电子的磁矩可以写成

$$\mu_j = -g\frac{\mu_B}{\eta}P_j = \gamma P_j \tag{12-3}$$

式中，γ 称为旋磁比，有

$$\gamma = -g\frac{\mu_B}{\eta} \tag{12-4}$$

由量子力学可知，在外磁场中角动量 P_j 和磁矩 μ_j 在空间的取向是量子化的。在外磁场方向（z 轴）的投影为

$$P_z = m\eta \tag{12-5}$$

$$\mu_z = \gamma m\eta \tag{12-6}$$

式中，m 为磁量子数，$m=j,j-1,\cdots,-j$。

当原子磁矩不为零的顺磁物质置于恒定外磁场 B_0 中时，其相互作用能量也是不连续的，其相应的能量为

$$E = -\mu_j B_0 = -\gamma m\eta B_0 = mg\mu_B B_0 \tag{12-7}$$

不同磁量子数 m 所对应的状态上的电子具有不同的能量。各磁能级是等距分裂的，两相邻磁能级之间的能量差为

$$\Delta E = g\mu_B B_0 = \omega_0 \eta \qquad (12-8)$$

若在垂直于恒定外磁场 B_0 方向上加一交变磁场，其频率满足

$$\omega\eta = \Delta E \qquad (12-9)$$

其中，当 $\omega = \omega_0$ 时，电子在相邻能级间就有跃迁。这种在交变磁场作用下，电子自旋磁矩与外磁场相互作用所产生的能级间的共振吸收（和辐射）现象，称为电子自旋共振（ESR）。式(12-9)即为共振条件，可以写成

$$\omega = g\frac{\mu_B}{\eta}B_0 \qquad (12-10)$$

或者

$$f = g\frac{\mu_B}{h}B_0 \qquad (12-11)$$

对于样品 DPPH 来说，朗德因子参考值为 $g = 2.0036$，将 μ_B、h 和 g 值代入上式可得（这里取 $\mu_B = 5.78838263(52) \times 10^{-11}$ MeV·T^{-1}，$h = 4.1356692 \times 10^{-21}$ MeV·s）

$$f = 2.8043B_0 \qquad (12-12)$$

式中，B_0 的单位为高斯(1 Gs $= 10^{-4}$ T)，f 的单位为兆赫兹(MHz)。如果实验时用 3 cm 波段的微波，频率为 9370 MHz，则共振时相应的磁感应强度要求达到 3342 Gs。

共振吸收另一个必要条件是在平衡状态下，低能态 E_1 的粒子数 N_1 比高能态 E_2 的粒子数 N_2 多，这样才能够显示出宏观（总体）共振吸收，因为热平衡时粒子数分布服从玻尔兹曼分布：

$$\frac{N_1}{N_2} = \exp\left(-\frac{E_2 - E_1}{kT}\right) \qquad (12-13)$$

由式(12-13)可知，若 $E_2 > E_1$，显然有 $N_1 > N_2$，即吸收跃迁($E_1 \rightarrow E_2$)占优势，然而随着时间的推移，以及 $E_2 \rightarrow E_1$ 过程的充分进行，势必使 N_2 与 N_1 之差趋于减小，甚至可能反转，于是吸收效应会减少甚至停止，但实际并非如此，因为包含大量原子或离子的顺磁体系中，自旋磁矩之间随时都在相互作用而交换能量，同时自旋磁矩又与周围的其他质点（晶格）相互作用而交换能量，这使处在高能态的电子自旋有机会把它的能量传递出去而回到低能态，这个过程称为弛豫过程，正是由于弛豫过程的存在，才能维持着连续不断的磁共振吸收效应。

弛豫过程所需的时间称为弛豫时间 T，理论证明

$$T = \frac{1}{2T_1} + \frac{1}{T_2} \qquad (12-14)$$

式中，T_1 称为"自旋－晶格弛豫时间"，也称为"纵向弛豫时间"，表征的是纵向磁化强度恢复的时间；T_2 称为"自旋－自旋弛豫时间"，也称为"横向弛豫时间"，表征的是横向磁化强度消失的时间。

4. 谱线宽度

与光谱线一样，ESR 谱线也有一定的宽度。如果频宽用 $\delta\nu$ 表示，则 $\delta\nu = \delta E/h$，相应地有一个能级差 ΔE 的不确定量 δE，根据测不准原理，$\tau\delta E \sim h$，τ 为能级寿命，于是有

$$\delta\nu \sim \frac{1}{\tau} \qquad (12-15)$$

这就意味着粒子在高能级上的寿命的缩短将导致谱线加宽。导致粒子能级寿命缩短的基本原因是自旋－晶格相互作用和自旋－自旋相互作用。对于大部分自由基来说，起主要作用的是自旋－自旋相互作用，这种相互作用包括了未偶电子与相邻原子核自旋之间以及两个分子的未偶电子之间的相互作用，因此谱线宽度反映了粒子间相互作用的信息，是电子自旋共振谱的一个重要参数。

用移相器信号作为示波器扫描信号，可以得到如图 12-3 所示的图形，测定吸收峰的半高宽 ΔB（或者称谱线宽度），如果谱线为洛伦兹型，那么有

$$T_2 = \frac{2}{\gamma \Delta B} \qquad (12-16)$$

其中，旋磁比 $\gamma = g\mu_B / \eta$，如此即可计算出共振样品的横向弛豫时间 T_2。

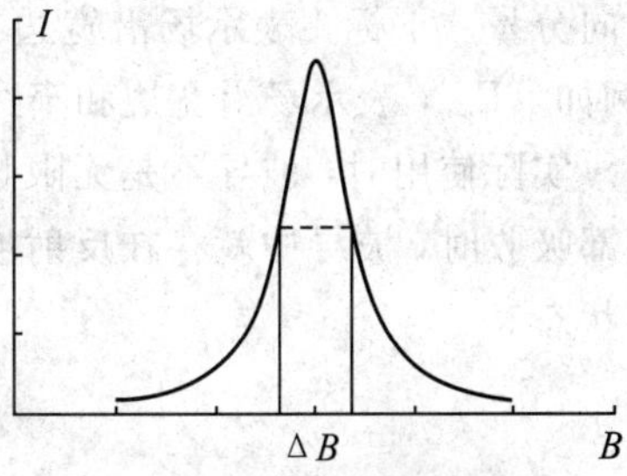

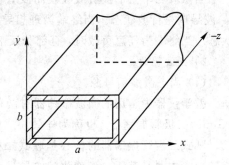

图 12-3 根据样品吸收谱线的
半高宽计算横向弛豫时间

5. 微波基础知识与微波器件

1）微波及其传输

由于微波的波长短、频率高，已经成为一种电磁辐射，所以传输微波就不能用一般的金属导线。常用的微波传输器件有同轴线、波导管、带状线和微带线等。波导管是用于引导电磁波传播的空心金属管。常见的有矩形波导管和圆柱形波导管两种。从电磁场理论可知，在自由空间传播的电磁波是横波，简写为 TEM 波。理论分析表明，在波导中只能存在下列两种电磁波：TE 波，即横电波，它的电场只有横向分量，而磁场有纵向分量；TM 波，即横磁波，它的磁场只有横向分量，而电场存在纵横分量。在实际使用中，总是把波导设计成只能传输单一波形。TE_{10} 波是矩形波导中最简单和最常用的一种波型，也称为主波型。

一个截面为 $a \times b$、均匀的、无限长的矩形波导如图 12-4 所示，管壁为理想导体，管内充以介电常数为 ε，磁导率为 μ 的介质，则沿 z 轴方向传播的 TE_{10} 波的各分量为

图 12-4 矩形波导管

$$E_y = E_0 \sin\frac{\pi x}{a} e^{i(\omega t - \beta z)} \qquad (12-17)$$

$$H_x = -\frac{\beta}{\omega\mu} \cdot E_0 \sin\frac{\pi \cdot x}{a} e^{i(\omega t - \beta z)} \qquad (12-18)$$

$$H_z = i\frac{\pi}{\omega\mu a} \cdot E_0 \cos\frac{\pi \cdot x}{a} e^{i(\omega t - \beta z)} \qquad (12-19)$$

$$E_x = E_z = H_y = 0 \qquad (12-20)$$

其中，$\omega = \beta / \sqrt{\mu\varepsilon}$ 为电磁波的角频率，$\beta = 2\pi / \lambda_g$ 称为相位常数。

$$\lambda_g = \frac{\lambda}{\sqrt{1 - (\lambda / \lambda_c)^2}} \qquad (12-21)$$

式中，λ_g 称为波导波长，$\lambda_c = 2a$ 为截止或临界波长（在微波电子自旋共振实验系统中 $a = 22.86$ mm，$b = 10.16$ mm），$\lambda = c/f$ 为电磁波在自由空间的波长。

TE$_{10}$ 波具有下列特性：

(1) 存在一个截止波长 λ_c，只有波长 $\lambda < \lambda_c$ 的电磁波才能在波导管中传播。

(2) 波长为 λ 的电磁波在波导中传播时，波长变为 $\lambda_g < \lambda_c$。

(3) 电场矢量垂直于波导宽壁（只有 E_y），沿 x 方向两边为 0，中间最强，沿 y 方向是均匀的。磁场矢量在波导宽壁的平面内（只有 H_x、H_z），TE$_{10}$ 的含义是 TE 表示电场只有横向分量。下标 1 表示场沿宽边方向有一个最大值，下标 0 表示场沿窄边方向没有变化（例如 TE$_{mn}$，表示场沿宽边和窄边分别有 n 和 m 个最大值）。

实际使用时，波导不是无限长的，它的终端一般接有负载，当入射电磁波没有被负载全部吸收时，波导中就存在反射波而形成驻波，为此引入反射系数 Γ 和驻波比 ρ 来描述这种状态。

$$\Gamma = \frac{E_r}{E_i} = |\Gamma| e^{i\varphi} \tag{12-22}$$

$$\rho = \frac{|E_{\max}|}{|E_{\min}|} \tag{12-23}$$

式中，E_r、E_i 分别是某横截面处电场反射波和电场入射波，φ 是它们之间的相位差。$E_{\max}$ 和 $E_{\min}$ 分别是波导中驻波电场的最大值和最小值。ρ 和 Γ 的关系为

$$\rho = \frac{1 + |\Gamma|}{1 - |\Gamma|} \tag{12-24}$$

当微波功率全部被负载吸收而没有反射时，此状态称为匹配状态，此时 $|\Gamma| = 0$，$\rho = 1$，波导内是行波状态。当终端为理想导体时，形成全反射，则 $|\Gamma| = 1$，$\rho = \infty$，称为全驻波状态。当终端为任意负载时，有部分反射，此时为行驻波状态（混波状态）。

2）微波器件

(1) 固态微波信号源。

教学仪器中常用的微波振荡器有两种，一种是反射式速调管振荡器，另外一种是耿式（Gunn）二极管振荡器，也称为体效应二极管振荡器，或者固态源。

耿式二极管振荡器的核心是耿式二极管，耿式二极管主要是基于 n 型砷化镓的导带双谷——高能谷和低能谷结构。1963 年，Gunn 在实验中观察到，在 n 型砷化镓样品的两端加上直流电压，当电压较小时，样品电流随电压的增高而增大；当电压超过某一临界值 U_{th} 后，随着电压的增高电流反而减小，这种随着电场的增加而电流下降的现象称为负阻效应，电压继续增大（$U > U_b$），则电流趋向于饱和，如图 12-5 所示，这说明 n 型砷化镓样品具有负阻特性。

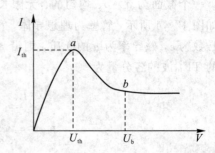

图 12-5 耿式二极管的电流-电压特性

砷化镓的负阻特性可以用半导体能带理论解释。如图 12-6 所示，砷化镓是一种多能谷材料，其中具有最低能量的主谷和能量较高的临近子谷，电子在其中具有不同的性质，

当电子处于主谷时有效质量 m^* 较小，则迁移率 μ 较高；当电子处于子谷时有效质量 m^* 较大，则迁移率 μ 较低。在常温且无外加磁场时，大部分电子处于电子迁移率高而有效质量低的主谷，随着外加磁场的增加，电子平均漂移速度也增大，当外加电场足够大（使主谷的电子能量增加至 $0.36\,\mathrm{eV}$ 时），部分电子转移到子谷，在那里迁移率低而有效质量较大，其结果是随着外加电压的增大，电子的平均漂移速度反而减小。

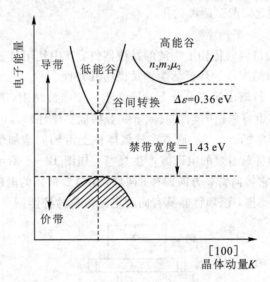

图 12-6 砷化镓的能带结构

如图 12-7 所示为一耿式二极管示意图。在管两端加电压，当管内电场 E 略大于 E_T（E_T 为负阻效应起始时的电场强度）时，由于管内局部电量的不均匀涨落（通常在阴极附近），在阴极端开始生成电荷的偶极畴，偶极畴的形成使畴内电场增强而使畴外电场减弱，从而进一步使畴内的电子转入高能谷，直至畴内电子全部进入高能谷，畴不再长大。此后，偶极畴在外电场的作用下以饱和漂移速度向阳极移动直至消失。而后整个电场重新上升，再次重复相同的过程，周而复始地产生畴的建立、移动和消失，构成电流的周期性振荡，形成一连串很窄的电流，这就是耿式二极管的振荡原理。

耿式二极管的工作频率主要由偶极畴的渡越时间决定，实际应用中，一般将耿式二极管装在金属谐振腔中做成振荡器，通过改变腔体内的机械调谐装置可以在一定范围内改变耿式二极管的工作频率。

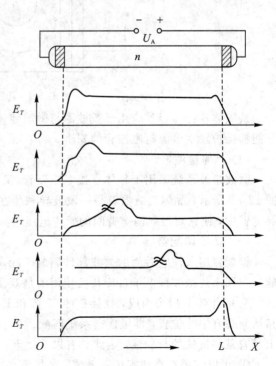

图 12-7 耿式二极管及畴内电场变化示意图

（2）隔离器。

隔离器是一种不可逆的衰减器，在正方向（或者需要传输的方向上）它的衰减量很小，约 0.1 dB 左右，反方向的衰减量则很大，可达到几十分贝，两个方向的衰减量之比称为隔离度。若在微波源后面加装隔离器，虽然它对输出功率的衰减量很小，但对于负载反射回来的反射波衰减量很大，这样，可以避免因负载变化而使微波源的频率及输出功率发生变化，即在微波源和负载之间起到隔离的作用。

（3）环行器。

环行器是一种多端口定向传输电磁波的微波器件，其中使用最多的是三端口和四端口环形器。下面以三端口结型波导环行器为例来说明其特性。

三端口结型波导环行器由于三个分支波导交于一个微波结上，所以称为"结"型，这里分支传输线为波导，但也可以由同轴线或微带线等构成。该环形器内装有一个圆柱形铁氧体柱，为了使电磁波产生场移效应，通常在铁氧体柱上沿轴向施加恒磁场，根据场移效应原理，被磁化的铁氧体将对通过的电磁波产生场移，如图 12-8 所示，当电磁波由臂 1 馈入时，由于场移效应，它将向臂 2 方向偏移；同理，由臂 2 馈入的电磁波也只向臂 3 方向偏移而不馈入臂 1，以此类推，该环行器具有向右定向传输的特性。

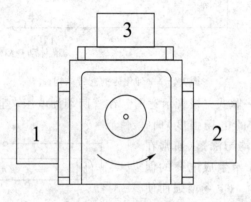

图 12-8　环行器结构

铁氧体环行器经常应用于微波源与微波腔体之间，特别是在反应环境十分恶劣的情况下能够保护发生电源与磁控管的安全。

（4）晶体检波器。

微波检波系统采用半导体点接触二极管（又称微波二极管），其外壳为高频铝瓷管。如图 12-9 所示，晶体检波器就是一段波导和装在其中的微波二极管，将微波二极管插入波导宽臂中，使它对波导两宽臂间的感应电压（与该处的电场强度成正比）进行检波。

（5）双 T 调配器。

调配器用来使它后面的微波部件调成匹配，匹配就是指微波能够完全进入而一点也不能反射回来。微波段电子自旋共振使用的是双 T 调配器，其结构如图 12-10 所示。

它是由双 T 接头构成，在接头的 H 臂和 E 臂内各接有可以活动的短路活塞，改变短路活塞在臂中的位置，即可使得系统匹配。由于这种匹配器不妨害系统的功率传输且结构上具有某些机械的对称性，因此具有以下优点：

① 可以使用在高功率传输系统，尤其是在毫米波波段；

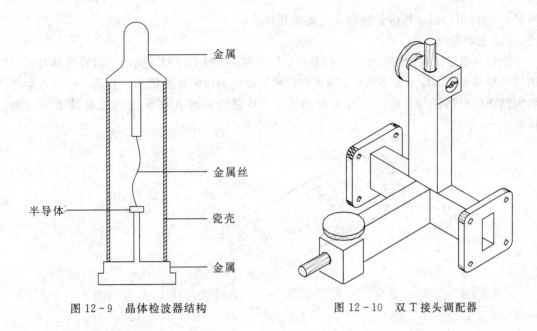

图 12-9　晶体检波器结构　　　　　图 12-10　双 T 接头调配器

② 有较宽的频带；

③ 有很宽的驻波匹配范围。

双 T 调配器的调节方法：在驻波不太强的情况下，先调谐 E 臂活塞，使驻波减至最小，然后再调谐 H 臂活塞，就可以得到近似的匹配（驻波比 $s<1.10$）。如果驻波较强，则需要反复调谐 E 臂和 H 臂活塞，才能使驻波比降低到很小的程度（驻波比 $s<1.02$）。

（6）频率计。

教学实验仪器中使用较多的是"吸收式"谐振频率计，它包含一个装有调谐柱塞的圆柱形空腔，腔外有 GHz 的数字读出器，空腔通过隙孔耦合到一段直波导管上，谐振式频率计的腔体通过耦合元件与待测微波信号的传输波导相连接，形成波导的分支，当频率计的腔体失谐时，腔里的电磁场极为微弱，此时它不吸收微波功率，也基本上不影响波导中波的传输，相应的系统终端（输出端）的信号检测器上所指示的为一恒定大小的信号输出，测量频率时，调节频率计上的调谐机构，将腔体调节至谐振，此时波导中的电磁场就有部分功率进入腔内，使得到达终端信号检测器的微波功率明显减少，只要读出对应系统输出为最小值时调谐机构上的读数，就可得到所测量的微波频率。

（7）扭波导。

改变波导中电磁波的偏振方向（对电磁波无衰减），其主要作用是便于机械安装，因为磁铁产生的磁场方向为水平方向，而磁铁产生的磁场必须垂直于矩形波导的宽边，而前面的微波源、双 T 调配器以及频率计的宽边均为水平方向。

（8）矩形谐振腔。

矩形谐振腔由一段矩形波导，一端用金属片封闭而成，封闭片上开一小孔，让微波功率进入，另一端接短路活塞，组成反射式谐振腔，腔内的电磁波形成驻波，因此谐振腔内各点电场和磁场的振幅有一定的分布，实验时被测样品放在交变磁场最强处，而稳恒磁场垂直于波导宽边（这也是前面介绍的扭波导的作用体现，因为稳恒磁场处于水平方向比较容易），这样可以保证稳恒磁场和交变磁场互相垂直。

（9）短路活塞。

短路活塞是接在传输系统终端的单臂微波元件，如图 12-11 所示，它接在终端对入射微波功率几乎全部反射而不吸收，从而在传输系统中形成纯驻波状态。它是一个可移动金属短路面的矩形波导，也称为可变短路器，其短路面的位置可通过螺旋来调节并直接读数。

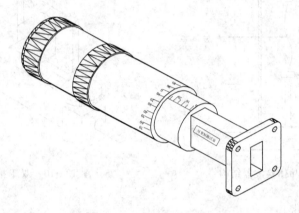

图 12-11　短路活塞装置图

在微波段电子自旋共振实验系统中，短路活塞与矩形谐振腔组成一个可调式的矩形谐振腔。

整套微波系统安装完成后如图 12-12 所示，从左至右依次为微波源、隔离器、环行器（另一边有晶体检波器）、双 T 调配器、频率计、扭波导、矩形谐振腔、短路活塞。

图 12-12　微波段电子自旋共振微波系统完整安装装置图

四、实验内容

（1）了解和掌握各个微波波导器件的功能和调节方法。

（2）了解电子自旋共振的基本原理，比较电子自旋共振与核磁共振的特点。

（3）观察微波段电子自旋共振现象，测量 DPPH 样品自由基中电子的朗德因子。

（4）理解谐振腔中 TE_{10} 波形成驻波的情况，调节样品腔长，测量不同的共振点，确定波导波长。

（5）根据 DPPH 样品的谱线宽度，估算样品的横向弛豫时间（选做实验）。

五、注意事项

（1）磁极间隙在仪器出厂前已经调节好，实验时最好不要自行调节，以免偏离共振磁场过大。

（2）保护好高斯计探头，避免弯折、挤压。

（3）励磁电流要缓慢调整，同时仔细注意波形变化，才能辨认出共振吸收峰。

六、实验过程

（1）将实验主机与微波系统、电磁铁以及示波器连接好，具体方法为：高斯计探头与实验主机上的五芯航空座相连，并将探头固定在谐振腔磁场空隙处（与样品位置重合或平行），用同轴线将主机的"DC12V"输出与微波源相连，用两根带红黑手枪插头连接线将励磁电源与电磁铁相连，用 Q9 线将主机的"扫面电源"与磁铁扫描线圈相连，用 Q9 线将检波器与示波器相连，开启实验主机和示波器的电源，预热 20 分钟。

（2）调节主机的"电磁铁励磁电源"调节电位器，改变励磁电流，观察数字式高斯计表头读数。如果随着励磁电流（表头显示为电压，因为线圈发热很小，电压与励磁电流成线性关系）增加，高斯计读数增大，说明励磁线圈产生的磁场与永磁铁产生的磁场方向一致，反之，则两者方向相反，此时只要将红黑插头交换一下即可。调节励磁电源使共振磁场在 3300 高斯左右（因为微波频率在 9.36 GHz 左右，根据共振条件，此时的共振磁场大约在 3338 高斯左右），亦可由小至大改变励磁电流，记录电压读数与高斯计读数，作电压一磁感应强度关系图，得到关系式，在后面的测量中可以不用高斯计，而通过拟合关系式计算得出中心磁感应强度数值。

（3）取下高斯计探头并放入样品，将扫描电源调到一较大值，调节双 T 调配器，观察示波器上的信号线是否有跳动，如果有跳动说明微波系统工作，如无跳动，检查 12 V 电源是否正常。将示波器的输入通道打在直流（DC）挡，调节双 T 调配器，使直流（DC）信号输出最大，调节短路活塞，再使直流（DC）信号输出最小，然后将示波器的输入通道打在交流（AC）5 mV 或 10 mV 挡上，这时在示波器上应可以观察到共振信号，但此时的信号不一定为最强，可以再小范围地调节双 T 调配器和短路活塞使信号最大，如图 12-13 中（b）图左侧所示，此时再细调励磁电源，使信号均匀出现，如图 12-13 中（c）图左侧所示。图 12-13（d）图为通过移相器观察到的吸收信号的李萨如图。

（4）调节出稳定、均匀的共振吸收信号后，用前面计算得出的拟合公式计算此时的共振磁场磁感应强度 B，或者通过高斯计探头直接测量此时磁隙中心的磁感应强度 B。旋转频率计，观察示波器上的信号是否跳动，如果跳动，记下此时的微波频率 f，根据式（12-11），计算 DPPH 样品的 g 因子。

（5）调节短路活塞，使谐振腔的长度等于半个波导波长的整数倍$\left(l=P\dfrac{\lambda_g}{2}\right)$，谐振腔若谐振则可以观测到稳定的共振信号。微波段电子自旋共振实验系统可以找出三个谐振点位置：L_1、L_2、L_3，按照$\dfrac{\overline{\lambda_g}}{2}=\dfrac{1}{2}\left[(L_3-L_2)+\dfrac{1}{2}(L_3-L_1)\right]$计算波导波长，然后根据式（12-21）计算微波的波长。

（6）选做实验1：直接法测量共振吸收信号。将检波器输出信号接入万用表，由小及大改变磁场强度，记录对应的检波器输出信号的幅度大小，在共振点时可以观察到输出信号幅度突然减小，描点作图可以找出共振磁场的大小，并对共振吸收信号有一个直观的认识。

（7）选做实验2：根据 DPPH 谱线宽度估算其横向弛豫时间 T_2。

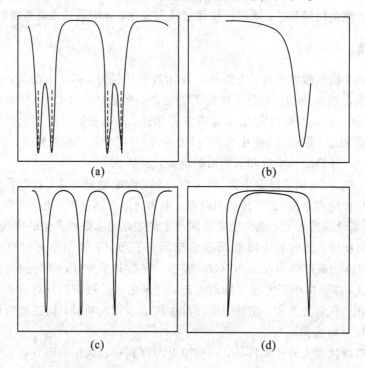

图 12-13　示波器观察电子自旋共振信号

七、实验实例(仅供参考)

1. 测量磁场磁感应强度与励磁电源电压的关系

测量数据表如表 12-1 所示。

表 12-1　测量数据表

U/V	0.40	0.60	0.80	1.00	1.20	1.40	1.60	1.80
B/Gs	3305	3310	3316	3321	3326	3332	3337	3343
U/V	2.00	2.20	2.40	2.60	2.80	3.00	3.20	3.40
B/Gs	3349	3354	3360	3365	3371	3377	3382	3388
U/V	3.60	3.80	4.00	4.20	4.40	4.60	4.80	5.00
B/Gs	3393	3398	3404	3409	3414	3420	3425	3431

作图可得到如图 12-14 所示的励磁电源与磁感应强度之间的关系曲线。

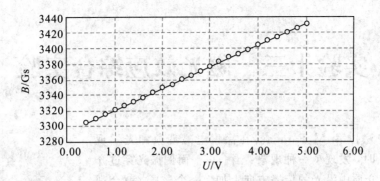

图 12-14　励磁电源电压与磁感应强度之间的关系曲线

通过拟合得到 $B=27.48U+3294$。其中，励磁电源电压 U 的单位为 V，磁感应强度的单位为 Gs。

2. DPPH 样品 g 因子的计算

示波器设置：5 mV 挡，扫描时间：5 ms，共振磁场：3338 Gs，微波频率 9.360 GHz。

根据公式 $f=g\dfrac{\mu_{\mathrm{B}}}{h}B_0$，其中波尔磁子 $\mu_{\mathrm{B}}=5.788\,382\,63\times10^{-11}$ MeV·T^{-1}，普朗克常数 $h=4.135\,669\,2\times10^{-21}$ MeV·s，代入计算得出 $g=2.0034$。与 DPPH 样品的 g 因子理论值 2.0036 非常接近。

3. 计算波导波长

测量得出三个共振点为 $L_1=7.015$ mm，$L_2=29.525$ mm，$L_3=52.110$ mm。

按照 $\overline{\dfrac{\lambda_g}{2}}=\dfrac{1}{2}\left[(L_3-L_2)+\dfrac{1}{2}(L_3-L_1)\right]$，计算得出波导波长为 45.133 mm。

八、思考题

(1) 本实验中谐振腔的作用是什么？腔长和微波频率的关系是什么？

(2) 样品应位于什么位置？为什么？

(3) 扫场电压的作用是什么？

实验十三　　磁光效应综合实验

　　1845 年，法拉第（M. Faraday）在探索电磁现象和光学现象之间的联系时，发现了一种现象：当一束平面偏振光穿过介质时，如果在介质中沿光的传播方向上加上一个磁场，就会观察到光经过样品后偏振面转过一个角度，即磁场使介质具有了旋光性，这种现象后来就称为法拉第效应。法拉第效应第一次显示了光和电磁现象之间的联系，促进了对光本性的研究。之后，费尔德（Verdet）对许多介质的磁致旋光现象进行了研究，发现了法拉第效应在固体、液体和气体中都存在。

M. Faraday（1791—1876）

　　法拉第效应有许多重要的应用，尤其在激光技术发展后，其应用价值越来越受到重视。如光纤通信中的磁光隔离器，是利用法拉第效应中偏振面的旋转只取决于磁场的方向，而与光的传播方向无关的特性，这样使光沿规定的方向通过的同时阻挡反方向传播的光，从而减少了光纤中器件表面反射光对光源的干扰。磁光隔离器也被广泛应用于激光多级放大和高分辨率的激光光谱、激光选模等技术中。在磁场测量方面，利用法拉第效应驰豫时间短的特点制成的磁光效应磁强计可以测量脉冲强磁场、交变强磁场。在电流测量方面，利用电流的磁效应和光纤材料的法拉第效应，可以测量几千安培的大电流和几兆伏的高压。

　　磁光调制主要应用于光偏振微小旋转角的测量技术中，它是通过测量光束经过某种物质时偏振面的旋转角度来测量物质的活性的，这种测量旋光的技术在科学研究、工业和医疗中有广泛的用途，在生物和化学领域以及新兴的生命科学领域中也是重要的测量手段。如物质的纯度控制、糖分测定；不对称合成化合物的纯度测定；制药业中的产物分析和纯度检测；医疗和生化中酶作用的研究；生命科学中研究核糖和核酸以及生命物质中左旋氨基酸的测量；人体血液中或尿液中糖份的测定等。目前已有许多国家规定在制药工业中，必须对有效成分的旋光映体进行分离，而不能把消旋物以一种纯药物来销售。在工业上，光偏振的测量技术可以实现物理的在线测量，食品工业中的制酒业、制糖业都需要实施监控以提高产品质量，在磁光物质的研制方面，光偏振旋转角的测量技术也有很重要的应用。

一、实验目的

　　（1）了解法拉第效应产生的原因。

　　（2）了解磁光调制原理。

　　（3）用消光法测量磁光玻璃的费尔德常数。

　　（4）用磁光调制倍频法测量法拉第效应。

二、实验仪器

　　FD－MOC－A 磁光效应综合实验仪主要由导轨滑块光学部件、两个控制主机、直流可调稳压电源以及手提零件箱组成。另外，实验时还需要一台双踪示波器。

其中，一米长的光学导轨上有 8 个滑块，分别为激光器、起偏器、检偏器、测角器（含偏振片）、调制线圈、会聚透镜、探测器、电磁铁。直流可调稳压电源通过四根连接线与电磁铁相连，电磁铁既可以串联，也可以并联，具体连接方式及磁场方向可以通过特斯拉计测量确定。

两个控制主机主要由五部分组成：特斯拉计、信号发生器、激光器电源、光功率计和选频放大器。

1. 特斯拉计及信号发生器面板说明

特斯拉计及信号发生器面板如图 13-1 所示。

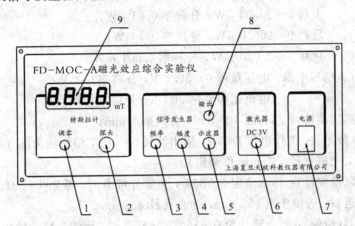

1—调零旋钮；2—接特斯拉计探头；3—调节调制信号的频率；4—调节调制信号的幅度；

5—接示波器，观察调制信号；6—半导体激光器电源；7—电源开关；

8—调制信号输出，接调制线圈；9—特斯拉计数值显示

图 13-1　特斯拉计及信号发生器面板图

2. 光功率计和选频放大器面板说明

光功率计和选频放大器面板如图 13-2 所示。

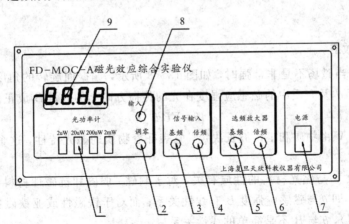

1—琴键换档开关；2—调零旋钮；3—基频信号输入端，接光电接收器；4—倍频信号输入端，接光电接收器；

5—接示波器，观察基频信号；6—接示波器，观察倍频信号；7—电源开关；

8—光功率计输入端，接光电接收器；9—光功率计表头显示

图 13-2　光功率计和选频放大器面板图

3. 仪器技术指标

(1) 仪器工作电压：DC220 V±10％；50 Hz±2 Hz。

(2) 仪器工作环境：温度 0～40 ℃，相对湿度＜90％。

(3) 特斯拉计：量程 0～2.000 T，分辨率 0.001 T；

量程 0～200.0 mT，分辨率 0.1 mT。

(4) 信号发生器：信号频率 500 Hz，频率微调 8 Hz；

正弦波输出幅度 0～9 V(有效值，连续可调)。

(5) 光功率计：量程 0～2.000 μW，分辨率 0.001 μW；

量程 0～20.00 μW，分辨率 0.01 μW；

量程 0～200.0 μW，分辨率 0.1 μW；

量程 0～2.000 mW，分辨率 0.001 mW。

(6) 直流可调稳压电源：电压量程 0～30.0 V，分辨率 0.1 V；

电流量程 0～5.00 A，分辨率 0.01 A。

(7) 导轨(燕尾结构)：总长度 100 mm，分辨率 1 mm。

(8) 半导体激光器：工作电压 DC3V，输出波长 650 nm，偏振性为部分偏振光，输出功率稳定度＜5％，光斑直径＜2 mm(可调焦)。

(9) 起偏器(检偏器)：转动角度 0～360°，角度分辨率 1°，通光孔径 φ20 mm。

(10) 聚焦透镜：透镜焦距 157 mm，通光孔径 φ30 mm。

(11) 测角器(检偏)：外盘转动角 0～360°，分辨率 1°，测微头移动量程 0～10 mm，分辨率 0.01mm。

(12) 光电探测器：信号检测为硅光电池，可调光阑孔径 φ1.0 mm、φ1.5 mm、φ2.0 mm、φ2.5 mm、φ3.0 mm、φ3.5 mm、φ4.0 mm、φ4.5 mm、φ5.0 mm、φ6.0 mm。

(13) 实验样品：样品 A，法拉第旋光玻璃，长度 8 mm 左右，直径 φ6 mm 左右；

样品 B，冕玻璃，长度 20 mm 左右，直径 φ25 mm 左右。

三、实验原理

1. 法拉第效应

实验表明，当磁场不是非常强时，如图 13-3 所示，偏振面旋转的角度 θ 与光波在介质中走过的路程 d 及介质中的磁感应强度在光的传播方向上的分量 B 成正比，即

$$\theta = VBd \tag{13-1}$$

式中，比例系数 V 由物质和工作波长决定，它表征着物质的磁光特性，这个系数称为费尔德(Verdet)常数。

费尔德常数 V 与磁光材料的性质有关，对于顺磁、弱磁和抗磁性材料(如重火石玻璃等)，V 为常数，即 θ 与磁感应强度 B 有线性关系；而对于铁磁性或亚铁磁性材料(如 YIG 等立方晶体材料)，θ 与 B 不是简单的线性关系。

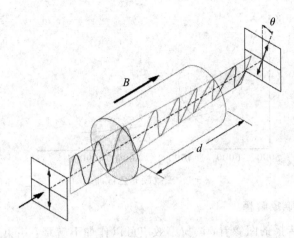

图 13-3　法拉第磁致旋光效应

表 13-1 为几种物质的费尔德常数。几乎所有物质(包括气体、液体、固体)都存在法拉第效应,不过一般都不显著。

表 13-1　几种物质的费尔德常数

物质	λ/nm	V(单位:弧分/特斯拉·厘米)
水	589.3	1.31×10^2
二硫化碳	589.3	4.17×10^2
轻火石玻璃	589.3	3.17×10^2
重火石玻璃	830.0	$8 \times 10^2 \sim 10 \times 10^2$
冕玻璃	632.8	$4.36 \times 10^2 \sim 7.27 \times 10^2$
石英	632.8	4.83×10^2
磷素	589.3	12.3×10^2

不同的物质,其偏振面旋转的方向也可能不同。习惯上规定,以顺着磁场方向观察,偏振面旋转方向与磁场方向满足右手螺旋关系的称为"右旋"介质,其费尔德常数 $V>0$;反向旋转的称为"左旋"介质,其费尔德常数 $V<0$。

对于每一种给定的物质,法拉第旋转方向仅由磁场方向决定,而与光的传播方向无关(无论光的传播方向与磁场同向或反向),这是法拉第磁光效应与某些物质的固有旋光效应的重要区别。固有旋光效应的旋光方向与光的传播方向有关,即随着顺光线和逆光线的方向观察,线偏振光的偏振面的旋转方向是相反的,因此当光线往返两次穿过固有旋光物质时,线偏振光的偏振面没有旋转。而法拉第效应则不然,在磁场方向不变的情况下,光线往返穿过磁致旋光物质时,法拉第旋转角将加倍。利用这一特性,可以使光线在介质中往返数次,从而使旋转角度加大,这一性质使得磁光晶体在激光技术、光纤通信技术中获得重要应用。

与固有旋光效应类似,法拉第效应也有旋光色散,即费尔德常数随波长而变。一束白色的线偏振光穿过磁致旋光介质,则紫光的偏振面要比红光的偏振面转过的角度大,这就是旋光色散。实验表明,磁致旋光物质的费尔德常数 V 随波长 λ 的增加而减小,如图 13-4所示,旋光色散曲线又称为法拉第旋转谱。

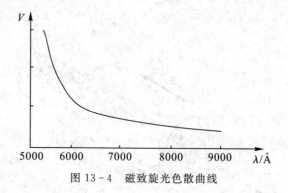

图 13 - 4 磁致旋光色散曲线

2. 法拉第效应的唯象解释

从光波在介质中传播的图像看，法拉第效应可以作如下解释：一束平行于磁场方向传播的线偏振光，可以看做两束等幅左旋和右旋圆偏振光的迭加（这里的左旋和右旋是相对于磁场方向而言的）。

如果磁场的作用使右旋圆偏振光的传播速度 c/n_R 和左旋圆偏振光的传播速度 c/n_L 不相等，在通过厚度为 d 的介质后，便产生不同的相位滞后，即有

$$\varphi_R = \frac{2\pi}{\lambda} n_R d, \quad \varphi_L = \frac{2\pi}{\lambda} n_L d \tag{13-2}$$

式中，λ 为真空中的波长。这里应注意，圆偏振光的相位即旋转电矢量的角位移，相位滞后即角位移倒转。

在磁致旋光介质的入射截面上，入射线偏振光的电矢量 E 可以分解为如图 13-5(a) 所示的两个旋转方向不同的圆偏振光 E_R 和 E_L，通过介质后，它们的相位滞后不同，旋转方向也不同，在出射界面上，两个圆偏振光的旋转电矢量如图 13-5(b) 所示。当光束射出介质后，左、右旋圆偏振光的速度又恢复一致，我们又可以将它们合成起来考虑，即仍为线偏振光。从图上容易看出，由介质射出后，两个圆偏振光的合成电矢量 E 的振动面相对于原来的振动面转过角度 θ，其大小可以由图 13-5(b) 直接看出，因为

$$\varphi_R - \theta = \varphi_L + \theta \tag{13-3}$$

所以

$$\theta = \frac{1}{2}(\varphi_R - \varphi_L) \tag{13-4}$$

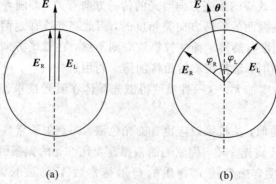

(a)　　　　　　　　(b)

图 13 - 5 法拉第效应的唯象解释

由式(13－2)得

$$\theta = \frac{\pi}{\lambda}(n_R - n_L)d = \theta_F \cdot d \tag{13-5}$$

式中，当 $n_R > n_L$ 时，$\theta > 0$，表示右旋；当 $n_R < n_L$ 时，$\theta < 0$，表示左旋。假如 n_R 和 n_L 的差值正比于磁感应强度 B，由式(13－5)便可以得到法拉第效应公式(13－1)。式中的 $\theta = \frac{\pi}{\lambda}(n_R - n_L)$ 为单位长度上的旋转角，称为法拉第旋转。因为在铁磁或者亚铁磁等强磁介质中，法拉第旋转角与外加磁场不是简单的正比关系，并且存在磁饱和，所以通常用法拉第旋转的饱和值来表征法拉第效应的强弱。式(13－4)也反映出法拉第旋转角与通过的波长 λ 有关，即存在旋光色散。

微观上如何理解磁场会使左旋、右旋圆偏振光的折射率或传播速度不同呢？上述解释并没有涉及这个本质问题，所以称为唯象理论。从本质上讲，折射率 n_R 和 n_L 的不同，应归结为在磁场作用下，原子能级及量子态的变化，这已经超出了我们所要讨论的范围，具体理论可以查阅相关资料。

其实，从经典电动力学中的介质极化和色散的振子模型也可以得到法拉第效应的唯象解释。在这个模型中，把原子中被束缚的电子看做一些偶极振子，把光波产生的极化和色散看做是这些振子在外场作用下作强迫振动的结果。现在除了光波以外，还有一个静磁场 $\boldsymbol{B}$ 作用在电子上，于是电子的运动方程可写为

$$m\frac{\mathrm{d}^2 \boldsymbol{r}}{\mathrm{d}t^2} + k\boldsymbol{r} = -e\boldsymbol{E} - e\left(\frac{\mathrm{d}\boldsymbol{r}}{\mathrm{d}t}\right) \times \boldsymbol{B} \tag{13-6}$$

式中，$\boldsymbol{r}$ 是电子离开平衡位置的位移，m 和 e 分别为电子的质量和电量，k 是这个偶极子的弹性恢复力。上式等号右边第一项是光波的电场对电子的作用，第二项是磁场作用于电子的洛仑兹力。为简化起见，略去了光波中磁场分量对电子的作用及电子振荡的阻尼(当入射光波长位于远离介质的共振吸收峰的透明区时成立)，因为这些小的效应对于理解法拉第效应的主要特征并不重要。

假定入射光波场具有通常的简谐波的时间变化形式 $\mathrm{e}^{i\omega t}$，因为我们要求的特解是在外加光波场作用下受迫振动的稳定解，所以 $\boldsymbol{r}$ 的时间变化形式也应是 $\mathrm{e}^{i\omega t}$，因此式(13－6)可以写成

$$(\omega_0^2 - \omega^2)\boldsymbol{r} + i\frac{e}{m}\omega\boldsymbol{r} \times \boldsymbol{B} = -\frac{e}{m}\boldsymbol{E} \tag{13-7}$$

式中，$\omega_0 = \sqrt{k/m}$，为电子共振频率。设磁场沿 $+z$ 方向，又设光波也沿此方向传播并且是右旋圆偏振光，用复数形式表示为

$$E = E_x \mathrm{e}^{i\omega t} + iE_y \mathrm{e}^{i\omega t}$$

将式(13－7)写成分量形式

$$(\omega_0^2 - \omega^2)x + i\frac{e\omega}{m}By = -\frac{e}{m}E_x \tag{13-8}$$

$$(\omega_0^2 - \omega^2)y - i\frac{e\omega}{m}Bx = -\frac{e}{m}E_y \tag{13-9}$$

将式(13－9)乘 i 并与式(13－8)相加可得

$$(\omega_0^2 - \omega^2)(x + iy) + \frac{e\omega}{m}B(x + iy) = -\frac{e}{m}(E_x + iE_y) \tag{13-10}$$

因此，电子振荡的复振幅为

$$x+iy=\frac{e}{m(\omega_0^2-\omega^2)+e\omega B}(E_x+iE_y) \tag{13-11}$$

设单位体积内有 N 个电子，则介质的电极化强度矢量 $\boldsymbol{P}=-N e\boldsymbol{r}$。由宏观电动力学的物质关系式 $\boldsymbol{P}=\varepsilon_0\chi\boldsymbol{E}$（$\chi$ 为有效的极化率张量）可得

$$\chi=\frac{\boldsymbol{P}}{\varepsilon_0\boldsymbol{E}}=\frac{-N e\boldsymbol{r}}{\varepsilon_0\boldsymbol{E}}=\frac{-N e(x+iy)\mathrm{e}^{i\omega t}}{\varepsilon_0(E_x+iE_y)\mathrm{e}^{i\omega t}} \tag{13-12}$$

将式（13-10）代入式（13-12）得到

$$\chi=\frac{N e^2/m\varepsilon_0}{\omega_0^2-\omega^2+\dfrac{e\omega}{m}B} \tag{13-13}$$

令 $\omega_c=eB/m$（ω_c 称为回旋加速角频率），则

$$\chi=\frac{N e^2/m\varepsilon_0}{\omega_0^2-\omega^2+\omega\omega_c} \tag{13-14}$$

由于 $n^2=\varepsilon/\varepsilon_0=1+\chi$，因此

$$n_R^2=1+\frac{N e^2/m\varepsilon_0}{\omega_0^2-\omega^2+\omega\omega_c} \tag{13-15}$$

对于可见光，ω 为 $(2.5\sim4.7)\times10^{15}\ \mathrm{s}^{-1}$，当 $B=1\ \mathrm{T}$ 时，$\omega_c\approx1.7\times10^{11}\ \mathrm{s}^{-1}\ll\omega$，这种情况下式（13-15）可以表示为

$$n_R^2=1+\frac{N e^2/m\varepsilon_0}{(\omega_0+\omega_L)^2-\omega^2} \tag{13-16}$$

式中，$\omega_L=\omega_c/2=(e/2m)B$，为电子轨道磁矩在外磁场中经典拉莫尔（Larmor）进动频率。

若入射光改为左旋圆偏振光，结果只是使 ω_L 前的符号改变，即有

$$n_L^2=1+\frac{N e^2/m\varepsilon_0}{(\omega_0-\omega_L)^2-\omega^2} \tag{13-17}$$

对比无磁场时的色散公式

$$n^2=1+\frac{N e^2/m\varepsilon_0}{\omega_0^2-\omega^2} \tag{13-18}$$

由此可以看到两点：一是在外磁场的作用下，电子作受迫振动，振子的固有频率由 ω_0 变成 $\omega_0\pm\omega_L$，这正对应于吸收光谱的塞曼效应；二是由于 ω_0 的变化导致了折射率的变化，并且左旋和右旋圆偏振的变化是不相同的，尤其在 ω 接近 ω_0 时，差别更为突出，这便是法拉第效应。由此看来，法拉第效应和吸收光谱的塞曼效应起源于同一物理过程。

实际上，通常 n_L、n_R 和 n 相差甚微，近似有

$$n_L-n_R\approx\frac{n_R^2-n_L^2}{2n} \tag{13-19}$$

由式（13-5）可得到

$$\frac{\theta}{d}=\frac{\pi}{\lambda}(n_R-n_L) \tag{13-20}$$

将式（13-19）代入上式可得到

$$\frac{\theta}{d}=\frac{\pi}{\lambda}\cdot\frac{n_R^2-n_L^2}{2n} \tag{13-21}$$

将式(13-16)、式(13-17)、式(13-18)代入上式得到

$$\frac{\theta}{d} = \frac{-Ne^3\omega^2}{2cm^2\varepsilon_0 n} \cdot \frac{1}{(\omega_0^2 - \omega^2)^2} \cdot B \tag{13-22}$$

由于 $\omega_L^2 \ll \omega^2$,在上式的推导中略去了 ω_L^2 项。由式(13-18)求导得

$$\frac{\mathrm{d}n}{\mathrm{d}\omega} = \frac{Ne^2}{m\varepsilon_0 n} \frac{\omega}{(\omega_0^2 - \omega)^2} \tag{13-23}$$

由式(13-22)和式(13-23)可以得到

$$\frac{\theta}{d} = \frac{-1}{2c} \cdot \frac{e}{m}\omega \cdot \frac{\mathrm{d}n}{\mathrm{d}\omega} \cdot B = \frac{1}{2c} \cdot \frac{e}{m} \cdot \lambda \cdot \frac{\mathrm{d}n}{\mathrm{d}\lambda} \cdot B \tag{13-24}$$

式中,λ 为观测波长,$\frac{\mathrm{d}n}{\mathrm{d}\lambda}$ 为介质在无磁场时的色散。在上述推导中,左旋和右旋只是相对于磁场方向而言的,与光波的传播方向同磁场方向相同或相反无关。因此,法拉第效应便有与自然旋光现象完全不同的不可逆性。

3. 磁光调制原理

根据马吕斯定律,如果不计光损耗,则通过起偏器,再经检偏器输出的光强为

$$I = I_0 \cos^2\alpha \tag{13-25}$$

式中,I_0 为起偏器同检偏器的透光轴之间夹角 $\alpha = 0$ 或 $\alpha = \pi$ 时的输出光强。若在两个偏振器之间加一个由励磁线圈(调制线圈)、磁光调制晶体和低频信号源组成的低频调制器,则调制励磁线圈所产生的正弦交变磁场 $B = B_0\sin\omega t$,能够使磁光调制晶体产生交变的振动面转角 $\theta = \theta_0\sin\omega t$,$\theta_0$ 称为调制角幅度。此时输出光强由式(13-25)变为

$$I = I_0 \cos^2(\alpha + \theta) = I_0 \cos^2(\alpha + \theta_0\sin\omega t) \tag{13-26}$$

由式(13-26)可知,当 α 一定时,输出光强 I 仅随 θ 变化,因为 θ 是受交变磁场 B 或信号电流 $i = i_0\sin\omega t$ 控制的,从而使信号电流产生的光振动面旋转,转化为光的强度调制,这就是磁光调制的基本原理。磁光调制装置如图13-6所示。

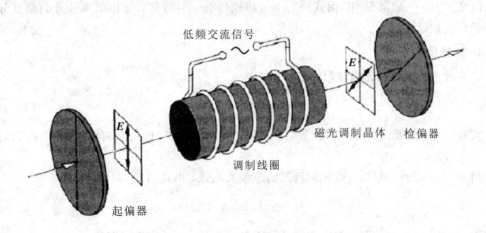

图13-6 磁光调制装置

根据倍角三角函数公式,由式(13-26)可以得到

$$I = \frac{1}{2}I_0[1 + \cos 2(\alpha + \theta)] \tag{13-27}$$

显然，在 $0 \leqslant \alpha + \theta \leqslant 90°$ 的条件下，当 $\theta = -\theta_0$ 时输出光强最大，即

$$I_{max} = \frac{I_0}{2} [1 + \cos 2(\alpha - \theta_0)] \tag{13-28}$$

当 $\theta = \theta_0$ 时，输出光强最小，即

$$I_{min} = \frac{I_0}{2} [1 + \cos 2(\alpha + \theta_0)] \tag{13-29}$$

定义光强的调制幅度：

$$A \equiv I_{max} - I_{min} \tag{13-30}$$

将式(13-28)和式(13-29)代入上式得到

$$A = I_0 \sin 2\alpha \sin 2\theta \tag{13-31}$$

由上式可以看出，在调制角幅度 θ_0 一定的情况下，当起偏器和检偏器透光轴夹角 $\alpha = 45°$ 时，光强调制幅度最大，即

$$A_{max} = I_0 \sin 2\theta_0 \tag{13-32}$$

所以，在做磁光调制实验时，通常将起偏器和检偏器透光轴成 $45°$ 角放置，此时输出的调制光强由式(13-27)知

$$I \big|_{\alpha = 45°} = \frac{I_0}{2} (1 - \sin 2\theta) \tag{13-33}$$

当 $\alpha = 90°$ 时，即起偏器和检偏器偏振方向正交时，输出的调制光强由式(13-26)知

$$I \big|_{\alpha = 90°} = I_0 \sin^2 \theta \tag{13-34}$$

当 $\alpha = 0°$，即起偏器和检偏器偏振方向平行时，输出的调制光强由式(13-26)知

$$I \big|_{\alpha = 0°} = I_0 \cos^2 \theta \tag{13-35}$$

若将输出的调制光强入射到硅光电池上转换成光电流，在经过放大器放大输入示波器，就可以观察到被调制了的信号。当 $\alpha = 45°$ 时，在示波器上观察到调制幅度最大的信号，当 $\alpha = 0°$ 或 $\alpha = 90°$，在示波器上可以观察到由式(13-34)和式(13-35)决定的倍频信号。但是因为 θ 一般都很小，由式(13-34)和式(13-35)可知，输出倍频信号的幅度分别接近于直流分量 0 或 I_0。

4. 实验补充

定义磁光调制器的光强调制深度 η

$$\eta = \frac{I_{max} - I_{min}}{I_{max} + I_{min}} \tag{13-36}$$

实验中，一般要求在 $\alpha = 45°$ 位置时，测量调制角幅度 θ_0 和光强调制深度 η，因为此时调制幅度最大。

当 $\alpha = 45°$，$\theta = -\theta_0$ 时，磁光调制器输出最大光强，由式(13-33)知

$$I_{max} = \frac{I_0}{2} (1 + \sin 2\theta_0) \tag{13-37}$$

当 $\alpha = 45°$，$\theta = +\theta_0$ 时，磁光调制器输出最小光强，由式(13-33)知

$$I_{min} = \frac{I_0}{2} (1 - \sin 2\theta_0) \tag{13-38}$$

由式(13-37)和式(13-38)可得

$$I_{max} - I_{min} = I_0 \sin 2\theta_0, \quad I_{max} + I_{min} = I_0$$

所以有

$$\eta = \frac{I_{\max} - I_{\min}}{I_{\max} + I_{\min}} = \sin 2\theta_0 \qquad (13-39)$$

调制角幅度 θ_0 为

$$\theta_0 = \frac{1}{2}\arcsin\frac{I_{\max} - I_{\min}}{I_{\max} + I_{\min}} \qquad (13-40)$$

由式(13-39)和(13-40)可知,测得磁光调制器的调制角幅度 θ_0,就可以确定磁光调制器的光强调制深度 η,由于 θ_0 随交变磁场 B 的幅度 B_m 连续可调,或者说随输入低频信号电流的幅度 i_0 连续可调,所以磁光调制器的光强调制深度 i_0 连续可调。只要选定调制频率 f(如 $f=500$ Hz)和输入励磁电流 i_0,并在示波器上读出在 $\alpha=45°$ 状态下相应的 $I_{\max}$ 和 $I_{\min}$(以格为单位),将读出的 $I_{\max}$ 和 $I_{\min}$ 值代入式(13-39)和式(13-40),即可以求出光强调制深度 η 和调制角幅度 θ_0。逐渐增大励磁电流 i_0,测量不同磁场 B_0 或电流 i_0 下的 $I_{\max}$ 和 $I_{\min}$ 值,作出 $\theta_0 \sim i_0$ 和 $\eta \sim i_0$ 曲线图,其饱和值即为对应的最大调制幅度 $(\theta_0)_{\max}$ 和最大光强调制幅度 $\eta_{\max}$。

四、实验内容

1. 电磁铁磁头中心磁场的测量

(1) 将直流稳压电源的两个输出端("红""黑"两端)用四根带红黑手枪插头的连接线与电磁铁相连,注意:一般情况下,电磁铁两线圈并联。

(2) 调节两个磁头上端的固定螺丝,使两个磁头中心对准(验证标准为中心孔完全通光),并使磁头间隙为一定数值,如 20 mm 或者 10 mm。

(3) 如图 13-7 所示,将特斯拉计探头与装有特斯拉计的磁光效应综合实验仪主机对应的五芯航空插座相连,另外一端通过探头臂固定在电磁铁上,并使探头处于两个磁头的正中心,旋转探头方向,使磁力线垂直穿过探头前端的霍尔传感器,这样测量出的磁感应强度最大,此时对应特斯拉计的测量最准确。

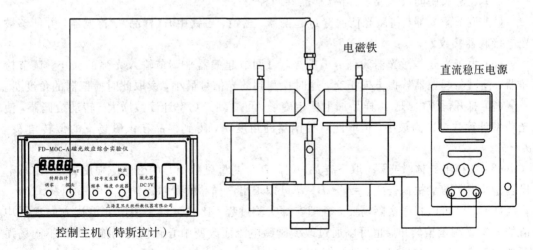

图 13-7 磁场测量装置连接示意图

（4）调节直流稳压电源的电流调节电位器，使电流逐渐增大，并记录不同电流情况下的磁感应强度。列表绘图分析电流-中心磁感应强度的线性变化区域，并分析磁感应强度饱和的原因。

2. 正交消光法测量法拉第效应实验

正交消光法测量法拉第效应装置连接示意图如图 13-8 所示。

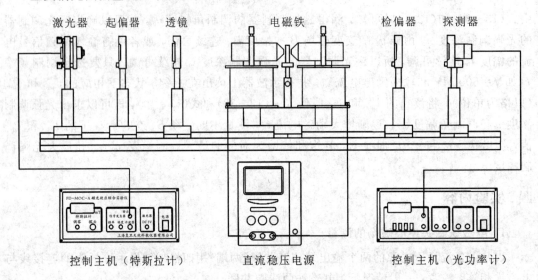

图 13-8　正交消光法测量法拉第效应装置连接示意图

（1）将半导体激光器、起偏器、透镜、电磁铁、检偏器、光电接收器依次安放在光学导轨上。

（2）将半导体激光器与主机上的"3 V 输出"相连，将光电接收器与光功率计的"输入"端相连。

（3）将恒流电源与电磁铁相连（注意电磁铁的两个线圈一般选择并联）。

（4）在磁头中间放入实验样品（样品共两种）。

（5）调节激光器，使激光依次穿过起偏器、透镜、磁铁中心（样品）、检偏器，并能够被光电接收器接收。

（6）由于半导体激光器为部分偏振光，可调节起偏器来调节输入光强的大小；调节检偏器，使其与起偏器偏振方向正交，这时检测到的光信号最小，读取此时检偏器的角度 θ_1。

（7）打开恒流电源，给样品加上恒定磁场，可看到光功率计读数增大，转动检偏器，使光功率计读数再次为最小，读取此时检偏器的角度 θ_2，得到样品在该磁场下的偏转角 $\theta = \theta_2 - \theta_1$。

（8）关掉半导体激光器，取下样品，用高斯计测量磁隙中心的磁感应强度 B，用游标卡尺测量样品厚度，根据公式 $\theta = V \cdot B \cdot d$ 可以求出该样品的费尔德常数。

（9）教师可以根据实际需要，合理安排实验过程，比如可以采用改变电流方向求平均值的方法来测量偏转角，也可以通过改变励磁电流而改变中心磁场的场强，测量不同场强下的偏转角，以研究材料的磁光特性。

3. 磁光调制实验

磁光调制实验连线示意图如图 13-9 所示。

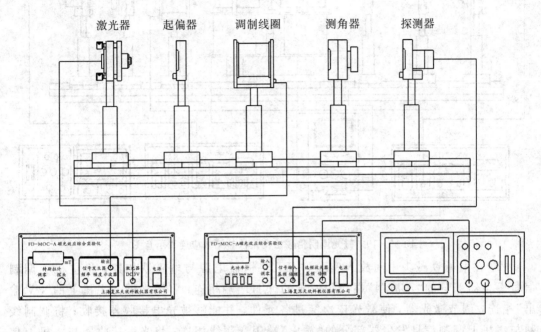

图 13-9 磁光调制实验连线示意图

(1) 将激光器、起偏器、调制线圈、检偏器、光电接收器依次放置在光学导轨上。

(2) 将主机上调制信号发生器部分的"示波器"端与示波器的"CH1"端相连,观察调制信号,调节"幅度"旋钮可调节调制信号的大小,注意不要使调制信号变形,调节"频率"旋钮可微调调制信号的频率。

(3) 将激光器与主机上的"3V 输出"相连,调节激光器,使激光从调制线圈中心样品中穿过,并能够被光电接收器接收。

(4) 将调制线圈与主机上调制信号发生器部分的"输出"端用音频线相连。

(5) 将光电接收器与主机上信号输入部分的"基频"端相连;用 Q9 线连接选频放大部分的"基频"端与示波器的"CH2"端。

(6) 用示波器观察基频信号,调节调制信号发生器部分的"频率"旋钮,使基频信号最强,调节检偏器与起偏器的夹角,观察基频信号的变化。

(7) 调节检偏器到消光位置附近,将光电接收器与主机上信号输入部分的"倍频"端相连,同时将示波器的"CH2"端与选频放大部分的"倍频"端相连,调节调制信号发生器部分的"频率"旋钮,使倍频信号最强,微调检偏器,观察信号变化,当检偏器与起偏器正交时,即在消光位置,可以观察到稳定的倍频信号。

4. 磁光调制倍频法测量法拉第效应实验

磁光调制倍频法测量法拉第效应实验连线示意图如图 13-10 所示。

(1) 将半导体激光器、起偏器、透镜、电磁铁、调制线圈、有测微机构的检偏器、光电接收器依次放置在光学导轨上。

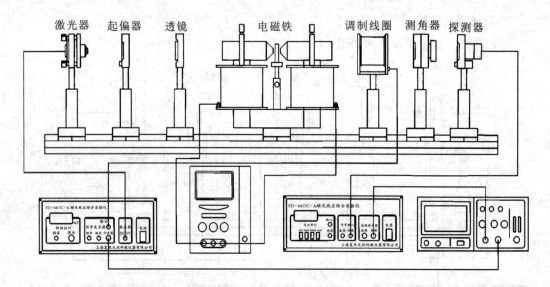

图 13-10　磁光调制倍频法测量法拉第效应连线示意图

（2）在电磁铁磁头中间放入实验样品，将恒流电源与电磁铁相连，将主机上调制信号发生器部分的"示波器"端与示波器的"CH1"端相连；将激光器与主机上的"3V 输出"相连，调节激光器，使激光依次穿过各元件，并能够被光电接收器接收；将调制线圈与主机上调制信号发生器部分的"输出"端用音频线相连；将光电接收器与主机上信号输入部分的"基频"端相连；用 Q9 线连接选频放大部分的"基频"端与示波器的"CH2"端。

（3）用示波器观察基频信号，旋转检偏器到消光位置附近，将光电接收器与主机上信号输入部分的"倍频"端相连，同时将示波器的"CH2"端与选频放大部分的"倍频"端相连，微调检偏器的测微器直至可以观察到稳定的倍频信号，读取此时检偏器的角度 θ_1。

（4）打开恒流电源，给样品加上恒定磁场，可看到倍频信号发生变化，调节检偏器的测微器至再次看到稳定的倍频信号，读取此时检偏器的角度 θ_2，得到样品在该磁场下的偏转角 $\theta=\theta_2-\theta_1$。

（5）关掉半导体激光器，取下样品，用高斯计测量磁隙中心的磁感应强度 B，用游标卡尺测量样品厚度，根据公式 $\theta=V \cdot B \cdot d$，可以求出该样品的费尔德常数。

五、实验实例

1. 电磁铁中心磁场测量

1）大间隙条件下（20 mm 左右）

（1）实验条件。

磁头间隙：19.36 mm（冕玻璃样品的测量长度）。

直流稳压电源：电压 0~30 V，电流 0~5 A（连续可调）。

励磁线圈连接方式：两线圈并联。

（2）测量数据。测量数据如表 13-2 所示。

表 13-2 励磁电流 I 和磁场中心磁感应强度 B 数据记录(间隙 19.36 mm)

励磁电流 I/A	磁感应强度 B/mT	励磁电流 I/A	磁感应强度 B/mT	励磁电流 I/A	磁感应强度 B/mT
0.08	8	1.45	140	2.70	217
0.26	25	1.58	152	2.91	223
0.34	33	1.67	160	3.06	226
0.55	54	1.81	172	3.19	230
0.83	82	2.01	186	3.43	235
0.96	94	2.18	196	3.67	240
1.13	110	2.26	201	3.87	244
1.26	123	2.37	205	3.93	245
1.36	132	2.55	212		

(3) B-I 关系曲线。作二者的关系曲线如图 13-11 所示。

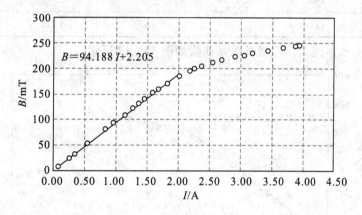

图 13-11 中心磁场磁感应强度 B 与励磁电流 I 的关系曲线

从测量关系曲线上可以看出，当电流达到 2 A 时，电磁铁磁头达到饱和；在电流小于 2 A 的情况下，励磁电流和中心磁感应强度较好地满足线性关系。结合励磁线圈线径及温升的关系，在两线圈并联的实验条件下，电流在 2 A 以下调节使用，即单个线圈内通过的电流最好小于 1 A 的条件。

另外，通过拟合曲线可以得到，在线性范围内，磁头中心的磁感应强度 B(单位 mT)和励磁电流 I(单位 A)的关系为 $B=94.188I+2.205$，所以，在后续的实验中，保持磁头间隙为 19.36 mm，只要测量所加的励磁电流，即可以求出对应的磁感应强度，而励磁电流可以通过直流稳压电源上的数字面板表直接读出，这样给后面实验带来了方便。

同样道理，在磁头间隙为 10mm 左右，即可以测量将另外一个实验样品放在磁头间时的情况。

2) 小间隙条件下(10 mm 左右)

(1) 实验条件。

磁头间隙：10.00 mm(旋光玻璃样品的测量长度)。

直流稳压电源：电压 0～30 V，电流 0～5 A(连续可调)。

励磁线圈连接方式：两线圈并联。

（2）测量数据。测量数据如表 13-3 所示。

表 13-3　励磁电流 I 和磁场中心磁感应强度 B 数据记录（间隙 10.00 mm）

励磁电流 I/A	磁感应强度 B/mT	励磁电流 I/A	磁感应强度 B/mT	励磁电流 I/A	磁感应强度 B/mT
0.13	27	1.12	235	2.61	431
0.25	53	1.35	278	2.82	442
0.32	66	1.44	295	3.02	452
0.49	101	1.60	326	3.20	460
0.64	133	1.84	365	3.41	469
0.73	151	1.98	384	3.65	479
0.85	177	2.12	396	3.80	484
0.93	193	2.28	409	3.85	485
1.02	211	2.43	421		

（3）B-I 关系曲线。作二者的关系曲线如图 13-12 所示。

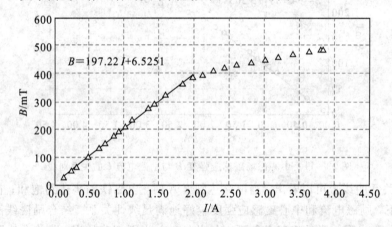

图 13-12　中心磁场磁感应强度 B 与励磁电流 I 的关系曲线

同样，从测量关系曲线上可以看出，当电流达到 2 A 时，电磁铁磁头达到饱和；在电流小于 2 A 的情况下，励磁电流和中心磁感应强度能较好地满足线性关系。另外，通过拟合曲线可以得到，在线性范围内，磁头中心的磁感应强度 B 和励磁电流 I 的关系为 $B=197.2I+6.5251$（式中，电流 I 单位为 A，中心磁感应强度 B 单位为 mT）。

2. 正交消光法测量法拉第效应实验（测量样品选择法拉第旋光玻璃）

实验仪器连接如图 13-8 所示，图中的透镜视光路调节情况，可以加进去，也可以不放。实验中测量样品选择法拉第旋光玻璃，即装有黑色金属外壳的实验样品（此样品的费尔德常数较大，实验现象比较明显）。

起偏器和检偏器可以选择角度分辨率为 1°的检偏器，也可以选择配有螺旋测微头的检偏器，这样可以精确测量偏转的角度。关于配有螺旋测微头的检偏器，其主要原理是将角

位移转换为直线位移,因为每台仪器的机械加工误差,实验时应该对其进行定标。定标过程如下:

因为外转盘的最小刻度为 1°,螺旋测微头的最小读数为 0.01 mm,而在所测量的近似范围内,角位移和直线位移是线性的(关于这一点,实验者可以自行求证,这里不再详述),所以只要找出对应外转盘转动 10°或者 20°时螺旋测微头所移动的距离,就可以找出测微头 0.01 mm 对应的角位移是多少度或者多少分。参考数据如表 13 - 4 所示。

表 13 - 4　定标参考数据

外转盘角度	测微头读数
130°	1.320
150°	7.540

如计算得出测微头移动 0.01 mm,对应转动角度约 1.9′,所以螺旋测微头 10 mm 行程对应角度约为 32°。

首先按照图 13 - 8 连接光路和主机,先拿去检偏器,调节激光器,使激光斑正好入射进光电探测器(可以调节探测器前的光阑孔的大小,使激光完全入射进光电探测器),转动起偏器,使光功率计输出数值最大(可以换挡调节),这样调节是因为半导体激光器输出的是部分偏振光,所以实验前应该使起偏器的起偏方向与激光器的振动方向较强的方向一致,这样输出光强最大,以后的实验中就可以固定起偏器的方向。

放入检偏器(或者装有偏振片的测角器),并将实验样品放入磁场中间(我们选择费尔德常数较大的法拉第旋光玻璃做样品,此时磁头间隙调节为 10 mm),调节检偏器到正交消光位置,此时输出光强最小,即光功率计输出数值最小,改变电流,可以看到光功率计数值增大,根据马吕斯定律可知,此时由于磁致旋光(法拉第效应),穿过样品的线偏振光的偏振面发生了旋转,转动检偏器使光功率计输出数值重新达到最小,则检偏器转过的角度即为法拉第旋转角 θ,根据式(13 - 1),测量样品厚度 d 和中心磁感应强度 B,即可以求出样品的费尔德常数 V。

实验测量,磁头间隙 10 mm,电流为 $I = 1.77$ A 时,相对于未加磁场的情况,偏转角度为 4.525 mm(螺旋测微头移动距离)。根据前面电流 - 磁感应强度测量公式 $B = 197.2I + 6.5251$,可以求出电流为 1.77 A 时,对应的磁感应强度 $B = 355.6$ mT。又因为测微头移动 0.01 mm,对应转动角度 1.9′,所以转动角度为 859.8′。样品长度 $d = 7.96$ mm,所以材料的费尔德常数为

$$V = \frac{\theta}{B \cdot d} = \frac{859.8}{355.6 \times 0.001 \times 7.96 \times 0.1} = 30.4 \times 10^2 \text{ min/T} \cdot \text{cm}$$

对比表 13 - 1 中不同样品的费尔德常数,可以发现我们所测量的样品的费尔德常数远远大于其他样品,所以在后面的磁光调制实验中,调制晶体就采用这种样品。

3. 磁光调制实验

实验连接如图 13 - 9 所示,其中测角器可以换为检偏器,两者的共同点是都装有偏振片,不同点是检偏器的角度测量分辨率为 1°,而测角器的角度分辨率比较高,从前面的测量中可以看出,其分辨率大致为 1.9′。测角器可以粗调角度,也可以通过螺旋测微头进行微调。

在输入光强及调制磁场幅度不变的情况下，转动检偏器，即改变 α 的值，可以看到示波器上输出调制波形的变化如下：

（1）检偏器转动到一定角度，磁光调制输出幅度最大，从原理部分可知，此时 $\alpha=45°$，如图 13 - 13 中的上半部分。

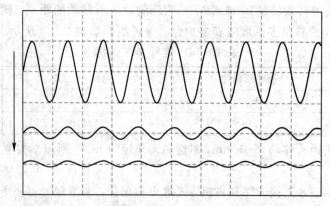

图 13 - 13　调制输出波形随 α 的变化

（2）当光强输出接近最大或者最小时，磁光调制幅度逐渐减小，即 $\alpha\rightarrow0°$ 或者 $90°$ 时，正弦波输出幅度逐渐减小，这也符合上面的理论推断。

（3）当 $\alpha=0°$ 时，即起偏器和检偏器正交时，磁光调制输出幅度达到最小，如图 13 - 13 的下半部分。

（4）当磁光调制输出幅度达到最小时，将光电检测的信号接入主机面板上的"倍频"输入端，将连接示波器的 Q9 线的一端也接入主机面板上的"倍频"输出端，可以看到倍频信号。即输入调制线圈的 500 Hz 正弦波，经过调制之后，从光电探测器中输出的是 1000 Hz 的正弦波，当偏离消光位置时，可以看到，波形将发生畸变，逐渐由 1000 Hz 的正弦波变为 500 Hz 的正弦波，如图 13 - 14 所示。

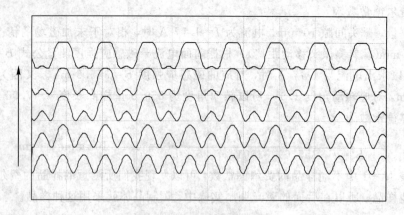

图 13 - 14　调制输出波形的畸变

将信号发生器的信号输出端也接入示波器，通过李萨如图形观测，可以发现调制输出信号频率确实为信号发生器输出信号（输入调制线圈的信号）的两倍，如图 13 - 15 所示，这就可以精准确定消光的位置，为后面倍频法测量样品的费尔德常数做好准备。

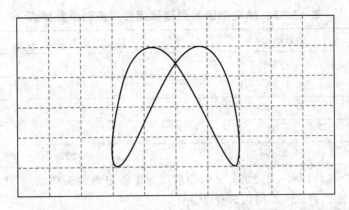

图 13-15　调制输入信号和调制输出信号倍频点时的李萨如图

由以上可见，实验和理论取得了很好的一致。

4. 磁光调制倍频法测量法拉第效应实验

实验连接如图 13-10 所示，导轨上需要放置激光器、起偏器、透镜（根据实际需要放置，目的是调节激光光斑的大小和改变光路）、电磁铁、调制线圈、测角器、探测器。控制元件需要两台磁光效应实验仪主机和稳压电源、双踪示波器。

（1）首先放置激光器和电磁铁，调节激光器微调俯仰角和扭转角的调节螺丝，使激光斑完全穿过电磁铁中心孔，其中激光斑的大小可以通过调节激光器前端的小透镜组使激光斑不至于发散角过大。

（2）放入起偏器和调制线圈，使光斑正好穿过调制线圈中间的调制晶体，这一点非常重要，需要仔细调节，然后再放入测角器（或者检偏器）和探测器，调节探测器前端的可调孔光阑，使激光斑正好穿过并能够被光电接收器接收。

（3）调节电磁铁的两个磁头，使其间隙正好放入冕玻璃样品，因为冕玻璃样品加工长度为 20 mm，所以此时磁头间隙也正好为 20 mm，这样可以测量励磁电流，根据实验 1 中测量得出的公式计算中心磁场的磁感应强度（线圈选择并联）。

（4）将电流调节至 0 A，调节测角器，使示波器能够观察到倍频信号，这时可以直接观察正弦波信号，也可以观察如图 13-15 所示的李萨如图形（以下以观察李萨如图为例，观察正弦波的方法类似），精确调制倍频点，即使起偏器和检偏器完全正交，记录此时测角器螺旋测微头的读数。

（5）增大电流至合适值，可以看到李萨如图发生变化，类似蝴蝶翅膀的图形不再对称，这说明偏离了消光点，即由于出现磁致旋光，检偏器和从电磁铁出射的光没有完全正交。调节测角器的测微头（说明：大角度调节测角器偏振片时可以旋转中间的固定器，小角度调节时调节螺旋测微头，这样可以达到精确测量的目的），使李萨如图形重新出现完全对称，记录此时测微头的读数。这时测角器转过的角度即为外加磁场后样品发生法拉第效应转过的角度。

（6）数据记录。

测量样品：冕玻璃（长度 20 mm）。

电磁铁线圈连接方式：并联。

改变电流测量对应角度得到表 13-5 的数据。

表 13-5　励磁电流和测微器读数对应测量数据表

励磁电流/A	螺旋测微器读数/mm
0.00	6.852
0.66	6.618
1.01	6.495
1.42	6.318
1.89	6.202

根据公式 $B = 94.188I + 2.205$，又因为前面测量得出测微头移动 0.01 mm，对应转动角度为 1.9 分，所以表 13-5 可以转化为表 13-6。

表 13-6　磁场测量和对应测量旋转角度

中心磁场磁感应强度/mT	偏转角度/分
64.4	44
97.3	68
136.0	101
180.2	124

作图得到如图 13-16 所示图形。

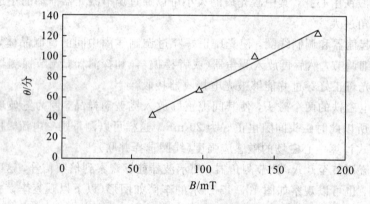

图 13-16　倍频法测量偏转角和中心磁感应强度之间关系曲线

拟合得到的曲线方程为

$$\theta = 0.7037B + 0.1736$$

其中，旋转角 θ 的单位为分，磁感应强度 B 的单位为 mT，在误差允许范围内可以略去截距 0.1736，即 $\theta = 0.7037B$，对比法拉第效应公式 $\theta = VBd$，将样品厚度 $d = 20$ mm 代入可求得冕玻璃样品的费尔德常数 $V = 3.5 \times 10^2$ min/T·cm。

用同样的方法，可以将法拉第旋光玻璃样品放入磁场内测量其费尔德常数。

五、注意事项

（1）实验时不要将直流的大光强信号直接输入选频放大器，以避免对放大器造成损坏。

（2）起偏器和检偏器都是两个装有偏振片的转盘，精度都为 1°，仪器还配有一个装有螺旋测微头的转盘，转盘中同样装有偏振片，其中外转盘的精度也为 1°，螺旋测微头的精度为 0.01 mm，测量范围为 8 mm，可将角位移转化为直线位移，实现角度的精确测量。

（3）实验仪中电磁铁的两个磁头间距可以调节，这样不同宽度的样品均可以放置于磁场中间。

（4）光电检测器前面有一个可调光阑，实验时可以调节通光孔的大小，这样可以减小外界杂散光的影响。

（5）实验结束后，将实验样品及各元件取下，依次放入手提零件箱内。

（6）样品及调制线圈内的磁光玻璃为易损件，使用时应加倍小心。

（7）实验时应注意直流稳压电源和电磁铁不要靠近示波器，因为电源里的变压器或者电磁铁产生的磁场会影响电子枪，引起示波器的输出稳定性。

（8）用正交消光法测量样品的费尔德常数时，必须注意加磁场后要求保证样品在磁场中的位置不发生变化，否则光路改变会影响到测量结果。

实验十四 旋转液体综合实验

在力学创建之初，牛顿通过水桶实验就发现，当水桶中的水旋转时，水会沿着桶壁上升。旋转的液体其表面形状为一个抛物面，可利用该理论测量重力加速度，旋转液体的抛物面也是一个很好的光学元件。美国的物理学家乌德创造了液体镜面，他在一个大容器里旋转水银，得到一个理想的抛物面，由于水银能很好地反射光线，所以能起到反射镜的作用。

随着现代技术的发展，液体镜头正在向"一大"、"一小"两个方向发展。

"大"可以作为大型天文望远镜的镜头。反射式液体镜头已经在大型望远镜中得到了应用，代替了传统望远镜中使用的玻璃反射镜。当盛满液体（通常采用水银）的容器旋转时，向心力会产生一个光滑的用于望远镜的反射凹面镜，通常这样一个光滑的曲面完全可替代需大量复杂工艺并且价格昂贵的玻璃镜头。哈勃望远镜的失败也让我们深刻了解到玻璃镜头是何等脆弱。

"小"则可以作为拍照手机的变焦镜头。美国加利福尼亚大学的科学家发明了液体镜头，它通过改变厚度仅为 8mm 的两种不同的液体交接处月牙形表面的形状，实现焦距的变化。这种液体镜头相对于传统的变焦系统而言，兼顾了紧凑的结构和低成本两方面的优势。

旋转液体综合实验可利用抛物面的参数与重力加速度的关系，测量重力加速度，另外，利用液面凹面镜成像与转速的关系也可研究凹面镜焦距的变化情况，还可通过旋转液体研究牛顿流体力学，分析流层之间的运动，测量液体的黏滞系数等。

一、实验目的

（1）利用抛物面的参数与重力加速度的关系，测量重力加速度。

（2）研究转速与凹面镜焦距的变化情况。

（3）测量液体的黏滞系数。

二、实验仪器

旋转液体实验装置图如图 14-1 所示。

实验参数如下：

金属张丝的切变模量：$G=81$ GPa；

张丝半径：$R=0.121\ 25$ mm；

张丝长度：$L'=30.0$ cm；

偏转角度：θ；

圆桶转速：ω_0；

圆柱底面到圆桶底面的距离：$\Delta z=2.3$ cm；

圆柱高度：$L=3.0$ cm；

圆柱半径：$R_1=1.5$ cm；

外圆桶半径：$R_2=4.9$ cm。

1—激光器；2—毫米刻度水平屏幕；3—水平标线；4—水平仪；5—激光器电源插孔；

6—调速开关；7—速度显示窗；8—圆柱形实验容器；9—水平量角器；10—毫米刻度垂直屏幕；

11—张丝悬挂圆柱体；12—实验容器内径 R/$\sqrt{2}$ 刻线（见底盘色点）（可自行标注）

图 14 - 1　旋转液体实验装置图

三、实验原理

1. 旋转液体抛物面公式推导

定量计算时，选取随圆柱形容器旋转的参考系，这是一个转动的非惯性参考系。液体相对于参考系静止，任选一小滴液体，其受力如图 14 - 2 所示。F_i 为沿径向向外的惯性离心力，mg 为重力，N 为这一小滴液体周围液体对它的作用力的合力，由对称性可知，N 必然垂直于液体表面。在 x - y 坐标下，设 P 点坐标为 $P(x,y)$ 则有

$$N \cdot \cos\theta - mg = 0$$

$$N \cdot \sin\theta - F_i = 0$$

$$F_i = m \cdot \omega^2 \cdot x$$

$$\tan\theta = \frac{\mathrm{d}y}{\mathrm{d}x} = \frac{\omega^2 \cdot x}{g}$$

根据图 14 - 2 有

$$y = \frac{\omega^2}{2g} \cdot x^2 + y_0 \tag{14-1}$$

式中，ω 为旋转角速度，y_0 为 $x=0$ 处的 y 值。该方程即为抛物线方程，可见液面为旋转抛物面。

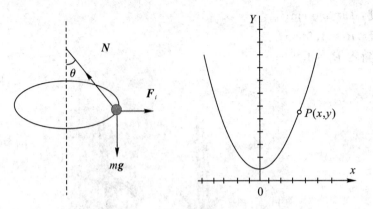

图 14 - 2　实验原理图

2. 应用——用旋转液体测量重力加速度 g

在实验系统中，一个盛有液体半径为 R 的圆柱形容器绕该圆柱体的对称轴以角速度 ω 匀速稳定转动时，液体的表面形成抛物面，如图 14 - 3 所示。

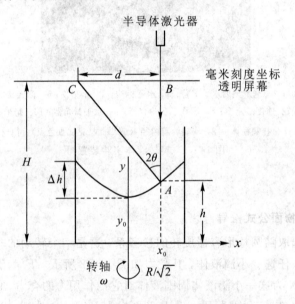

图 14 - 3　斜率法测量重力加速度示意图

设液体未旋转时液面高度为 h，液体的体积为

$$V = \pi R^2 \cdot h \tag{14-2}$$

因液体旋转前后体积保持不变，旋转时液体体积可表示为

$$V = \int_0^R y \cdot (2\pi \cdot x) \cdot \mathrm{d}x = 2\pi \int_0^R \left(\frac{\omega^2 \cdot x^2}{2g} + y_0 \right) \cdot x \mathrm{d}x \tag{14-3}$$

由式(14 - 2)、式(14 - 3)得

$$y_0 = h - \frac{\omega^2 \cdot R^2}{4g} \tag{14-4}$$

联立式(14 - 1)、式(14 - 4)可得，当 $x = x_0 = R/\sqrt{2}$ 时，$y(x_0) = h$，即液面在 x_0 处的高度是恒定值。

3. 应用二——用旋转液体液面最高与最低处的高度差测量重力加速度 g

如图 14-3 所示，设旋转液面最高与最低处的高度差为 Δh，点 $(R, y_0 + \Delta h)$ 在式 (14-1) 的抛物线上，有

$$y_0 + \Delta h = \frac{\omega^2 \cdot R^2}{2g} + y_0$$

可得

$$g = \frac{\omega^2 \cdot R^2}{2\Delta h}$$

又因为

$$\omega = \frac{2\pi n}{60}$$

则有

$$g = \frac{\pi^2 \cdot D^2 \cdot n^2}{7200 \times \Delta h} \tag{14-5}$$

式中，D 为圆筒直径，n 为旋转速度（转/分），Δh 为旋转液面最高与最低处的高度差。

4. 应用三——斜率法测重力加速度

如图 14-3 所示，激光束平行于旋转轴入射，经过 BC 水平透明屏幕，打在 $x_0 = R/\sqrt{2}$ 的液面 A 点上，反射光点为 C，A 处切线与 x 方向的夹角为 θ，则 $\angle BAC = 2\theta$，测出透明屏幕至圆桶底部的距离 H、液面静止时高度 h，以及两光点 BC 间的距离 d，则 $\tan 2\theta = \frac{d}{H-h}$，由此可求出 θ 值。

因为 $\tan\theta = \dfrac{\mathrm{d}y}{\mathrm{d}x} = \dfrac{\omega^2 \cdot x}{g}$，在 $x_0 = R/\sqrt{2}$ 处有

$$\tan\theta = \frac{\omega^2 R}{\sqrt{2}\,g}$$

因为 $\omega = \dfrac{2\pi n}{60}$，则有

$$\tan\theta = \left(\frac{2\pi n}{60}\right)^2 \cdot \frac{R}{\sqrt{2}\,g} = \frac{4\pi^2 R \cdot n^2}{3600\sqrt{2}\,g} = \frac{\sqrt{2}\,\pi^2 D \cdot n^2}{3600g}$$

$$g = \frac{2\pi^2 D \cdot n^2}{3600\sqrt{2} \times \tan\theta} \tag{14-6}$$

作 $\tan\theta \sim n^2$ 曲线，可得斜率 $k = \dfrac{\sqrt{2}\,\pi^2 D}{3600g}$，则

$$g = \frac{\sqrt{2}\,\pi^2 D}{3600k} \tag{14-7}$$

5. 应用四——验证抛物面焦距与转速的关系

旋转液体表面形成的抛物面可看做一个凹面镜，符合光学成像系统的规律，若光线平行于曲面对称轴入射，则反射光将全部会聚于抛物面的焦点。

根据抛物线方程 (14-1)，抛物面的焦距为

$$f = \frac{g}{2\omega^2}$$

6. 应用五——测量液体黏滞系数

在旋转的液体中,沿中心放入用张丝悬挂的圆柱形物体,圆柱高度为 L,半径为 R_1,圆桶半径为 R_2,如图 14-4 所示。

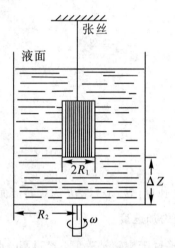

图 14-4 测量液体黏滞系数结构图

圆筒以恒定的角速度 ω_0 旋转,在转速较小的情况下,流体会很规则地一层层转动,稳定时圆柱体的静止角速度为零。

(1) 设外圆桶稳定旋转时,圆柱形物体所承受的阻力矩为 M,则有

$$M = M_1 + M_2$$

式中,M_1 为圆柱侧面所受液体的阻力矩,M_2 为圆柱底面所受液体摩擦力矩,其计算式分别为

$$M_1 = 4\pi\eta L\omega_0 \frac{R_1^2 \cdot R_2^2}{R_1^2 - R_2^2} \tag{14-8}$$

$$M_2 = \frac{\pi\eta R_2^4 \omega_0}{2\Delta z} \tag{14-9}$$

则圆柱形物体所承受的液体阻力矩 M 即为

$$M = M_1 + M_2 = 4\pi\eta L\omega_0 \frac{R_1^2 \cdot R_2^2}{R_1^2 - R_2^2} + \frac{\pi\eta R_2^4 \omega_0}{2\Delta z} \tag{14-10}$$

(2) 张丝扭转力矩 M'。悬挂圆柱体的张丝为钢丝,其切变模量为 G,张丝半径为 R,张丝长度为 L'。转动力矩为

$$M' = \frac{\pi G R^4}{2L'} \cdot \theta \tag{14-11}$$

该式表明力矩 M' 与扭转角度 θ 成正比。

在液体旋转系统稳定时,液体产生的阻力矩与悬挂张丝所产生的扭转力矩平衡,使得圆柱体达到静止,此时 $M = M'$,由式(14-9)、式(14-10)可以解出液体黏度系数为

$$\eta = \frac{G R^4}{2L'\omega_0} \cdot \theta \cdot \left[\frac{2\Delta z \cdot (R_1^2 - R_2^2)}{8L \cdot \Delta z \cdot R_1^2 \cdot R_2^2 + (R_1^2 - R_2^2) \cdot R_2^4} \right] \tag{14-12}$$

式中,G 为金属张丝的切变模量;R 为张丝半径,L' 为张丝长度,θ 为偏转角度,ω_0 为圆桶

转速，Δz 为圆柱底面到外圆桶底面的距离，L 为圆柱高度，R_1 为圆柱体半径，R_2 为圆桶内壁半径。

四、实验内容

1. 仪器调整

（1）调整仪器至水平。

（2）调整激光器位置。

2. 测量重力加速度 g

（1）用旋转液体液面最高与最低处的高度差测量重力加速度 g。

改变圆桶转速 n（转/分）（$\omega = 2\pi n$）6 次，测量液面最高与最低处的高度差，数据记入表 14-1，计算重力加速度 g，并与当地重力加速度进行比较。

表 14-1　利用高度差测量重力加速度

次数	1	2	3	4	5	6
转速 n/（转/分）	110	115	120	125	130	135
高度差 Δh/cm						
g/（cm/s²）						

（2）斜率法测重力加速度。

将透明屏幕置于圆桶上方，用自准直法调整激光束平行于旋转轴入射，经过透明屏幕，对准桶底 $x_0 = R/\sqrt{2}$ 处，测出水平透明屏幕至圆筒底部的距离 H、液面静止时的高度 h。

改变圆桶转速 n（转/分）$\left(\omega = \dfrac{2\pi n}{60}\right)$ 6 次，在透明屏幕上读出入射光与反射光点 BC 间的距离 d，则由 $\tan 2\theta = \dfrac{d}{H-h}$ 求出 $\tan\theta$ 值，代入式（14-6）即可求出 g，数据记入表 14-2。也可画出 $\tan\theta \sim n^2$ 曲线，由斜率 k，利用式（14-7）求出 g。

表 14-2　斜率法测重力加速度

次数	1	2	3	4	5	6
转速 n/（转/分）	40	50	60	70	80	90
BC 间距离 d/mm						
$\tan 2\theta = \dfrac{d}{H-h}$						
θ						
$\tan\theta$						
g/（cm/s²）						

3. 验证抛物面焦距与转速的关系

将毫米刻度垂直于屏幕转轴放入实验容器中央,激光束平行转轴入射至液面,后聚焦在屏幕上,可改变入射位置来观察聚焦情况。改变圆桶转速 n(转/分) $\left(\omega = \dfrac{2\pi n}{60}\right)$ 12 次,记录焦点位置,数据记入表 14 - 3。

表 14 - 3 验证焦距与转速的关系

测量次数	1	2	3	4	5	6	7	8	9	10	11	12
转速 n/(转/分)	60	65	70	75	80	85	90	95	100	105	110	115
所测焦距 f												

4. 研究旋转液体表面成像规律

给激光器装上有箭头状光阑的帽盖,使其光束略有发散且在屏幕上成箭头状像。光束平行光轴在偏离光轴处射向旋转液体,经液面反射后,在水平屏幕上也留下了箭头。固定转速,上下移动屏幕的位置,观察箭头的方向及大小变化。实验发现,屏幕在较低处时,入射光和反射光留下的箭头方向相同,随着屏幕逐渐上移,反射光留下的箭头越来越小直至形成一光点,随后箭头反向且逐渐变大。也可以固定屏幕,改变转速 n,将会观察到类似的现象。

5. 测量液体黏滞系数

装好实验装置,将张丝悬挂的圆柱体垂直置于液体中心,在柱体上表面画一刻度线记号,读出该刻线对准量角器的相应位置。低速旋转液体,沿径向用激光器和量角器测出偏转角。同一转速测 3 次,改变转速 3 次,反复读取,数据记入表 14 - 4。

表 14 - 4 测量黏滞系数

次数	1			2			3		
转速 n/(转/分)									
偏转角 $\theta°$									
$\bar{\theta}°$									
η/Pa·s									

五、测量实例

1. 测量重力加速度 g

方法一:利用旋转液面高度差测 g,数据见表 14 - 5。

表 14-5　测量重力加速度(一)

次数	1	2	3	4	5	6
转速 n/(转/分)	110	115	120	125	130	135
高度差 Δh/cm	1.70	1.80	1.90	2.10	2.20	2.4
g/(cm/s²)	936.08	966.28	996.75	978.54	1010.28	998.70

$\bar{g}=981.11(\text{cm/s}^2)$，西安地区重力加速度公认值 $g=979.30$ cm/s²。

实验相对误差为

$$E=\frac{|981.11-979.30|}{979.30}\times100\%=0.18\%$$

方法二：采用斜率法测重力加速度 g。屏幕高度 $H=13.0$ cm，液面高度 $h=5.5$ cm。测量数据见表 14-6。

表 14-6　测量重力加速度(二)

次数	1	2	3	4	5	6
转速 n/(转/分)	40	50	60	70	80	90
BC 间距离 d/mm	10.5	15.5	22.5	30.0	40.5	52.5
$\tan2\theta=\dfrac{d}{H-h}$	0.14	0.21	0.30	0.40	0.54	0.70
θ	3.985	5.838	8.350	10.901	14.185	17.496
$\tan\theta$	0.06964	0.102246	0.146776	0.192588	0.252760	0.31522
g/(cm/s²)	872.621	929.13	932.04	966.67	962.02	976.295

$\bar{g}=939.80(\text{cm/s}^2)$，相对误差为

$$E=\frac{|939.80-979.30|}{979.30}\times100\%=4.0\%$$

2. 验证抛物面焦距与转速的关系

数据见表 14-7。

表 14-7　焦距与转速的关系

测量次数	1	2	3	4	5	6	7	8	9	10	11	12
转速 n/(转/分)	60	65	70	75	80	85	90	95	100	105	110	115
所测焦距 f	9.35	8.15	7.24	6.21	5.50	5.10	4.6	4.2	3.8	3.4	3.1	2.9

3. 测量液体黏滞系数

作出转速-焦距图，见图 14-5，数据记入表 14-8。

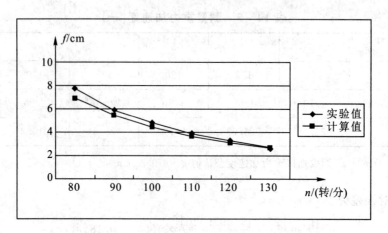

图 14-5 转速-焦距图

表 14-8 转速与偏转角的关系

次数	1			2			3		
转速 n/(转/分)	39			46			50		
偏转角 θ°	329	326	326	377	376	376	421	417	413
$\bar{\theta}^\circ$	327			376.3			417		
η/(Pa·s)	1.318 37			1.286 38			1.311 36		

蓖麻油，$T=18℃$。

$\bar{\eta}=1.305\ 37$ Pa·s，根据经验公式 $\eta=5.75\mathrm{e}^{-0.0837t}$，得 $\eta=1.274\ 55$ Pa·s。

相对误差为

$$E=\frac{\left|1.305\ 37-1.274\ 55\right|}{1.274\ 55}\times100\%=2.4\%$$

实验十五　落球法测定液体黏滞系数实验

　　当一种液体相对于其他固体、气体运动，或同种液体内各部分之间有相对运动时，接触面之间存在摩擦力，这种性质称为液体的黏滞性。各种实际液体具有不同程度的黏滞性，这种黏滞性用黏度系数来表征。当液体稳定流动时，由于各层的流速不同，相邻的两层液体之间有力的作用，快的一层给慢的一层以拉力，慢的一层给快的一层以阻力，这种阻力是由于内摩擦产生的，称为内摩擦或黏滞阻力。黏滞阻力的方向平行于接触面，且使速度较快的物体减速，其大小与接触面面积以及接触面处的速度梯度成正比，比例系数 η 称为黏度。η 表征液体黏滞性的强弱，黏度系数越大，该液体的黏滞性就越强，反之亦然。黏度系数是液体重要的物理参数之一，它反映液体流动行为的特征。

　　黏度系数取决于液体的性质和温度，温度升高，黏滞系数迅速减小，所以当给出黏度时，一定要注明温度。在国际单位（SI）制中，η 的单位为 Pa·s（帕·秒）。

　　测量液体黏度的方法有多种，常用的有落球法、转筒法、阻尼法、毛细管法。前三种方法是利用液体对固体的摩擦阻力来测量黏度，其中落球法又称 Stokes 法，它可以用于测量黏度较大的透明或半透明液体，如蓖麻油、变压器油、甘油等。毛细管法是通过测量一定时间内流过毛细管的液体体积来求黏度。

一、实验目的

　　（1）观察液体的内摩擦现象，了解小球在液体中下落的运动规律。

　　（2）依据斯托克斯公式用多管落球法测定液体黏滞系数。

　　（3）了解斯托克斯公式的修正方法。

　　（4）学习用作图外推法处理实验数据，求解无法实现或理想状态下的物理量。

二、实验仪器

　　实验仪器包括液体黏滞系数仪，小钢球，读数显微镜，秒表，镊子，游标卡尺，钢板尺、温度计，如图 15-1 所示。

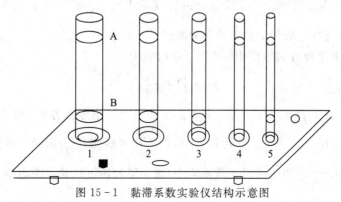

图 15-1　黏滞系数实验仪结构示意图

三、实验原理

当半径为 r 的光滑圆球，以速度 v_0 在均匀的、无限宽广的液体中运动时，若速度不大，球也很小，在液体中不产生涡流的情况下，斯托克斯指出球在液体中所受到的黏滞阻力 F 为

$$F = 6\pi\eta v_0 r \tag{15-1}$$

式中，η 为液体的黏滞系数，此式称为斯托克斯公式。由此式可知黏滞阻力 F 的大小和物体运动速度成正比。

当密度为 ρ、体积为 V 的小球在密度为 ρ_0 的液体中下落时，作用在小球上的力有三个，即重力 ρVg、液体的浮力 $\rho_0 Vg$、液体的黏滞阻力 $6\pi\eta v_0 r$。这三个力都作用在同一铅直线上，重力向下，浮力和阻力向上。小球刚开始下落时，速度很小，黏滞阻力不大，因而小球作加速运动。随着速度的增加阻力逐渐加大，速度达到一定值时，阻力和浮力之和将等于重力，此时物体的加速度等于零，小球开始匀速下落，即

$$\rho Vg = \rho_0 Vg + 6\pi\eta v_0 r \tag{15-2}$$

此时的速度称为收尾速度。由式(15-1)及式(15-2)可得

$$\eta = \frac{(\rho - \rho_0)Vg}{6\pi v_0 r} \tag{15-3}$$

将小球体积 $V = \frac{4}{3}\pi r^3$ 代入式(15-3)得

$$\eta = \frac{(\rho - \rho_0)gd^2}{18v_0} \tag{15-4}$$

式中，d 是小球直径。

斯托克斯公式的假定条件是小球在无限宽广的液体中下落，而实际上小球是在有限的圆柱形筒中下落，筒的直径和液体深度均是有限的，因此实验中"无限广延"的条件是无法实现的。本实验用作图外推法来确定 v_0。

在图 15-1 中，每个管子上、下两刻线 A、B 之间的距离 S 相同，A 刻线离液面有适当的距离，可认为小球由静止开始下落经 A 刻线时已处于匀速运动状态。受管壁影响，小球在不同直径的管子中匀速下落的速度不同。大量的实验数据及用线性拟合进行数据处理表明，小球在管中匀速下落的速度 v 与在无限广延的液体中匀速下落的速度 v_0 之间的关系为

$$v_0 = v\left(1 + k\frac{d}{D}\right) \tag{15-5}$$

式中，D 为管子直径，k 是与实验条件无关的修正系数。

若小球匀速下落经过的距离相同，则下落时间为

$$t = t_0\left(1 + k\frac{d}{D}\right) \tag{15-6}$$

由此可见，t 与 $1/D$ 成线性关系，只要依次测出同一小球在各管中经过 S 距离所需的时间 t_i 及各管的直径 D_i，并以 t 为纵坐标，$1/D$ 为横坐标作 $t - \frac{1}{D}$ 曲线，则该直线在纵轴上的截距 t_0 就是当 $D \to \infty$（即在无限广延液体中）时小球匀速下落通过距离 S 所需的时间，所以有

$$v_0 = \frac{S}{t_0} \qquad\qquad (15-7)$$

将式(15-7)代入式(15-4),就能求出液体的黏滞系数 η。

四、实验内容

(1) 调节黏滞系数仪底板上的螺钉,用气泡水准仪观察,使底板水平。

(2) 用读数显微镜测量 6 个小钢球的直径 d,求平均值。

(3) 用镊子夹起测得直径的小钢球,细心地放入最细圆管液体的中心处,使小钢球沿圆管中心轴线下落,用秒表测量小球通过刻线 A、B 间距离的时间间隔(注意视线与刻线在同一水平面上)。

(4) 依次测出小球在其他各管液体中作落体运动时通过 A、B 刻线的时间间隔。

(5) 分别测量各圆筒内直径 D,A、B 间的距离 S,查阅钢球密度 ρ 和蓖麻油密度 ρ_0 的数值,以及当地重力加速度 g 的值。

(6) 观察室内温度计,记录室温。

五、注意事项

(1) 多个同类小球尽量找直径比较接近的。

(2) 每个小球应从量筒中心尽量接近液面处轻轻投下。

(3) 注意量筒底部是凸起的,高度如何测量。

(4) 蓖麻油 η 参考值如表 15-1 所示。

表 15-1 蓖麻油的 η 值与温度的关系表

温度 $t/℃$	$\eta/(\text{Pa} \cdot \text{s})$	温度 $t/℃$	$\eta/(\text{Pa} \cdot \text{s})$
0	53.0	23	0.73
5	3.76	24	0.67
10	2.42	25	0.62
11	2.20	26	0.57
12	2.00	27	0.53
13	1.83	28	0.52
14	1.67	29	0.48
15	1.51	30	0.45
16	1.37	31	0.42
17	1.25	32	0.39
18	1.15	33	0.36
19	1.04	34	0.34
20	0.95	35	0.31
21	0.87	40	0.23
22	0.79	100	0.19

六、数据处理

作出 $t \sim \dfrac{d}{D}$ 图线，从图中求出 t_0，并计算：

$$\bar{\eta} = \frac{(\rho - \rho_0) g \bar{d}^2}{18 v_0} = \frac{(\rho - \rho_0) g \bar{d}^2 \cdot \bar{t}_0}{18 \bar{S}}$$

$$\frac{S_\eta}{\eta} = \sqrt{\left(\frac{2 S_d}{d}\right)^2 + \left(\frac{S_{t_0}}{t_0}\right)^2 + \left(\frac{S_s}{s}\right)^2}$$

$$S_\eta = \bar{\eta} \cdot \frac{S_\eta}{\eta}$$

$$\eta = \bar{\eta} \pm 2 S_\eta$$

实验十六　燃料电池特性综合实验

　　燃料电池以氢和氧为燃料，通过电化学反应直接产生电力，能量转换效率高于燃烧燃料的热机。燃料电池的反应生成物为水，对环境无污染，单位体积氢的储能密度远高于现有的其他电池，因此它的应用从最早的宇航等特殊领域，到现在人们积极研究将其应用到电动汽车、手机电池等日常生活的各个方面，各国都投入了巨资进行研发。

　　1839 年，英国人格罗夫(W. R. Grove)发明了燃料电池，历经近两百年，在材料、结构、工艺不断改进之后，进入了实用阶段。按燃料电池使用的电解质或燃料类型，可将现在和近期可行的燃料电池分为碱性燃料电池、质子交换膜燃料电池、直接甲醇燃料电池、磷酸燃料电池、熔融碳酸盐燃料电池、固体氧化物燃料电池等 6 种主要类型。本实验研究的是质子交换膜燃料电池。

　　燃料电池的燃料氢(反应所需的氧可从空气中获得)可由电解水获得，也可由矿物或生物原料转化制成。本实验包含太阳能电池发电(光能－电能转换)，电解水制取氢气(电能－氢能转换)，燃料电池发电(氢能－电能转换)几个环节，形成了完整的能量转换、储存、使用的链条。本实验包含物理内容丰富，实验内容紧密结合科技发展热点与实际应用，实验过程环保清洁。

　　能源为人类社会发展提供动力，长期依赖矿物能源使我们面临环境污染之害，资源枯竭之困。为了人类社会的持续健康发展，各国都致力于研究开发新型能源。未来的能源系统中，太阳能将作为主要的一次能源替代目前的煤、石油和天然气，而燃料电池将成为取代汽油、柴油和化学电池的清洁能源。

一、实验目的

　　(1)了解燃料电池的工作原理。

　　(2)观察仪器的能量转换过程：光能—太阳能电池—电能—电解池—氢能(能量存储)—燃料电池—电能。

　　(3)测量燃料电池的输出特性，作出燃料电池的伏安特性曲线，以及电池输出功率随输出电压的变化曲线，计算燃料电池的最大输出功率和效率。

　　(4)测量质子交换膜电解池的特性，验证法拉第电解定律。

　　(5)测量太阳能电池的输出特性，作太阳能电池的伏安特性曲线以及输出功率随输出电压的变化曲线，获取太阳能电池的开路电压、短路电流、最大输出功率、填充因子等特性参数。

二、实验仪器

　　实验仪器主要由实验主机以及实验装置组成，另外配有水容器、注射器、秒表等配件，如图 16－1 所示。

图 16-1 燃料电池特性综合实验仪装置

1. 技术指标

（1）燃料电池功率：30～100 mW。

（2）燃料电池开路输出电压：800～1000 mV。

（3）电解池工作状态：电压＜6.0 V，电流＜300 mA。

（4）恒流源工作电流：0～300 mA 连续可调。

（5）太阳能电池尺寸：110 mm×110 mm。

（6）可调负载电阻：1000 Ω＋100 Ω。

（7）射灯电压：12 V。

（8）液晶显示屏：128×64 点阵式液晶显示模块。

2. 注意事项

（1）使用前请首先详细阅读本实验全部说明。

（2）该实验系统必须使用去离子水或者二次蒸馏水，容器必须清洁干净，否则将损坏系统。

（3）PEM 电解池的最高工作电压为 4 V，最大输入电流为 300 mA，超量程使用将损害电解池。

（4）PEM 电解池所加的电源极性必须正确，否则将损坏电解池并有起火燃烧的可能。

（5）绝对不允许将任何电源加于 PEM 燃料电池输出端，否则将损坏燃料电池。

（6）气水塔中所加入的水面高度必须在出气管高度以下（1～2 cm），以保证 PEM 燃料电池正常工作。

（7）该实验装置主体由有机玻璃制成，使用中必须小心，以免损伤。

（8）太阳能电池和配套光源在工作时温度很高，切不可用手触摸，以免被烫伤。

（9）绝不允许打湿太阳能电池和配套光源，以免触电和损坏部件。

3. 主机操作说明

液晶屏显示电流源输出电压和输出电流，可以通过主机前面板上的"电流源""增大"和"减小"按键调节输出电流的大小（连续可调，范围为 0～300 mA），"电流源"方框下部有红黑两个小手枪插座可以连接至电解池（注意电源正负不要接反）。

另外，主机前面板上的"可变电阻"由 1 kΩ 和 100 Ω 可变电位器串接而成，下方有红黑小手枪状接线座，当将其连接至电路时，液晶屏上显示"输入电压"和"输入电流"，表示电位器两端电压和电位器电路中的电流。

主机前面板的"电源"开关控制整个主机电源的通断。

主机后面板的"光源电源"航空插座可通过航空连接线与实验装置上的射灯相连，"光源开关"控制射灯的通断（注意，是在主机"电源"开关打开的前提下）。

实验装置操作说明：

质子交换膜必须含有足够的水分，才能保证质子的传导，但含水量又不能过高，否则电极被水淹没，水阻塞气体通道，燃料不能传导到质子交换膜参与反应。如何保持良好的水平衡关系是燃料电池设计的重要课题。为保持水平衡，电池正常工作时排水口应打开，在电解电流不变时，燃料供应量应是恒定的。若负载选择不当，则电池电流输出太小，未参加反应的气体将从排水口泄露，燃料利用率及效率都降低。在适当选择负载，燃料利用率可达 90%。

气水塔为电解池提供纯水（二次蒸馏水），可分别存储电解池产生的氢气和氧气，为燃料电池提供燃料气体。每个气水塔都是上下两层结构，上下层之间通过中间的连通管相连，下层顶部有一输气管连接到燃料电池，初始时，两个气水塔下层的两个通水管都与电解池相连，电解池充满水，气水塔下层也近似充满水，电解池工作时，产生的气体会汇聚在下层底部，通过输气管输出至燃料电池。若关闭输气管开关，气体产生的压力会使水从下层进入上层，而将气体存储在下层的顶部。通过上层顶部管壁上的刻度可知储存气体的体积（上层水上升的体积即是氢气产生的体积）。

小风扇作为定性观察时的负载（可以将燃料电池的红黑输出端与小风扇相连，通过看其是否转动来判断燃料电池是否工作），主机面板上的"可变电阻"作为定量测量时的负载。

三、实验原理

1. 燃料电池

质子交换膜（Proton Exchange Membrane，PEM）燃料电池在常温下工作，具有启动快速、结构紧凑的优点，最适宜作汽车或其他可移动设备的电源，近年来发展很快，其基本结构如图 16-2 所示。

目前广泛采用的全氟璜酸质子交换膜为固体聚合物薄膜，厚度为 0.05～0.1 mm，它提供氢离子（质子）从阳极到达阴极的通道，而电子或气体则不能通过。

催化层是将纳米量级的铂粒子用化学或物理的方法附着在质子交换膜表面，厚度约 0.03 mm，对阳极氢的氧化和阴极氧的还原起催化作用。膜两边的阳极和阴极由石墨化的碳纸或碳布做成，厚度为 0.2～0.5 mm，导电性能良好，其上的微孔提供气体进入催化层的通道，又称为扩散层。

商品燃料电池为了提供足够的输出电压和功率，需将若干单体电池串联或并联在一起，流场板一般由导电良好的石墨或金属做成，与单体电池的阳极和阴极形成良好的电接触，称为双极板，其上加工有供气体流通的通道。为直观起见，教学用燃料电池采用有机玻璃做流场板。

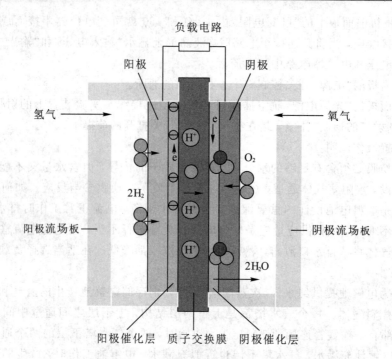

图 16-2 质子交换膜燃料电池结构示意图

进入阳极的氢气通过电极上的扩散层到达质子交换膜。氢分子在阳极催化剂的作用下电离为 2 个氢离子，即质子，并释放出 2 个电子，阳极反应式为

$$H_2 = 2H^+ + 2e \tag{16-1}$$

氢离子以水合质子 $H^+(nH_2O)$ 的形式，在质子交换膜中从一个璜酸基转移到另一个璜酸基，最后到达阴极，实现质子导电，质子的这种转移导致阳极带负电。

在电池的另一端，氧气或空气通过阴极扩散层到达阴极催化层，在阴极催化层的作用下，氧气与氢离子和电子反应生成水，阴极反应式为

$$O_2 + 4H^+ + 4e = 2H_2O \tag{16-2}$$

阴极反应使阴极缺少电子而带正电，结果在阴阳极间产生电压。在阴阳极间接通外电路，就可以向负载输出电能。总的化学反应式如下：

$$2H_2 + O_2 = 2H_2O \tag{16-3}$$

（阴极与阳极：在电化学中，失去电子的反应叫氧化，得到电子的反应叫还原。产生氧化反应的电极是阳极，产生还原反应的电极是阴极。对电池而言，阴极是正极，阳极是负极。）

2. 水的电解

将水电解产生氢气和氧气，与燃料电池中氢气和氧气反应生成水互为逆过程。

水电解装置同样因电解质的不同而各异，碱性溶液和质子交换膜是最好的电解质。若以质子交换膜为电解质，可在图 16-2 右边的电极接电源正极形成电解的阳极，在其上产生氧化反应 $2H_2O = O_2 + 4H^+ + 4e$；左边电极接电源负极形成电解的阴极，阳极产生的氢离子通过质子交换膜到达阴极后，产生还原反应 $2H^+ + 2e = H_2$，即右边电极析出氧，左边电极析出氢。

通常作燃料电池或作电解器的电极在制造上有些差别，燃料电池的电极应利于气体吸纳，而电解器的电极需要尽快排出气体；燃料电池阴极产生的水应随时排出，以免阻塞气体通道，而电解器的阳极必须被水淹没。

3. 太阳能电池

太阳能电池利用半导体 P－N 结受光照射时的光伏效应发电，其基本结构就是一个大面积的平面 P－N 结，如图 16－3 所示，P 型半导体中有相当数量的空穴，几乎没有自由电子，N 型半导体中有相当数量的自由电子，几乎没有空穴。当两种半导体结合在一起形成 P－N 结时，N 区的电子（带负电）向 P 区扩散，P 区的空穴（带正电）向 N 区扩散，在 P－N 结附近形成空间电荷区与势垒电场。势垒电场会使载流子向扩散的反方向作漂移运动，最终扩散与漂移达到平衡，使流过 P－N 结的净电流为零。在空间电荷区内，P 区的空穴被来自 N 区的电子复合，N 区的电子被来自 P 区的空穴复合，使该区内几乎没有能导电的载流子，又称为结区或耗尽区。当光电池受光照射时，部分电子被激发而产生电子－空穴对，在结区激发的电子和空穴分别被势垒电场推向 N 区和 P 区，使 N 区有过量的电子而带负电，P 区有过量的空穴而带正电，P－N 结两端形成电压，这就是光伏效应。若将 P－N 结两端接入外电路，就可向负载输出电能。

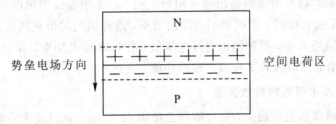

图 16－3　半导体 P－N 结示意图

四、实验内容

1. 燃料电池输出特性的测量

在一定的温度与气体压力下，改变负载电阻的大小，测量输出电压与输出电流之间的关系，如图 16－4 所示，称为燃料电池的极化特性曲线。

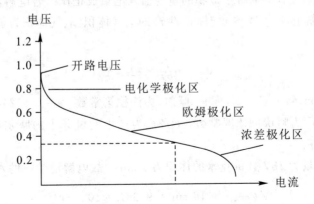

图 16－4　燃料电池的典型极化曲线

理论分析表明，如果燃料的所有能量都被转换成电能，则理想电动势为 1.48 V。实际燃料的能量不可能全部转换成电能，总有一部分能量转换成热能，少量的燃料分子或电子穿过质子交换膜形成内部短路电流等，故燃料电池的开路电压低于理想电动势。

随着电流从零增大，输出电压有一段下降较快，主要是因为电极表面的反应速度有限，有电流输出时，电极表面的带电状态改变，驱动电子输出阳极或输入阴极时，产生的部分电压会被损耗掉，这一段被称为电化学极化区。

输出电压的线性下降区的电压降，主要是电子通过电极材料及各种连接部件，离子通过电解质的阻力引起的，这种电压降与电流成比例，所以被称为欧姆极化区。

输出电流过大时，电极表面的反应物浓度下降，使输出电压迅速降低，这一段被称为浓差极化区。

燃料电池的效率为

$$\eta_{电池} = \frac{U_{输出}}{1.48} \times 100\% \qquad (16-4)$$

输出电压越高，转换效率越高，这是因为燃料的消耗量与输出电量成正比，而输出能量为输出电量与电压的乘积。

某一输出电流时燃料电池的输出功率相当于图 16-4 中虚线围出的矩形区，在使用燃料电池时，应根据极化曲线，兼顾效率与输出功率，选择适当的负载匹配。

改变负载电阻的大小，测量输出电流电压值，并计算输出功率，作燃料电池的极化曲线，计算该燃料电池的最大效率和最大输出功率。

2. 质子交换膜电解池的特性测量

若不考虑电解器的能量损失，在电解器上加 1.48 V 电压就可使水分解为氢气和氧气，但实际上由于各种损失，输入电压高于 1.6 V 电解器才开始工作。

电解器的效率为

$$\eta_{电解} = \frac{1.48}{U_{输入}} \times 100\% \qquad (16-5)$$

输入电压较低时，虽然能量利用率较高，但电流小，电解的速率低，通常使电解器输入电压在 2 V 左右。

根据法拉第电解定律，电解生成物的量与输入电量成正比。若电解器产生的氢气保持在 1 个大气压，电解电流为 I，经过时间 t 生产的氢气体积(氧气体积为氢气体积的一半)的理论值为

$$V_{氢气} = \frac{It}{2F} \times 22.4 \text{ L} \qquad (16-6)$$

式中，$F = eN = 9.65 \times 10^4$ C/mol(库仑/摩尔)为法拉第常数，$e = 1.602 \times 10^{-19}$ C 为电子电量，$N = 6.022 \times 10^{23}$ 为阿伏伽德罗常数，$It/2F$ 为产生的氢分子的摩尔(克分子)数，22.4 L 为气体的摩尔体积。

由于水的分子量为 18，且每克水的体积为 1 cm³，故电解池消耗的水的体积为

$$V_{水} = \frac{It}{2F} \times 18 \text{ cm}^3 = 9.33 It \times 10^{-5} \text{ cm}^3 \qquad (16-7)$$

应当指出，式(16-6)、式(16-7)的计算对燃料电池同样适用，只是其中的 I 代表燃

料电池输出电流，$V_{氢气}$代表氢气消耗量，$V_水$代表电池中水的生成量。

（1）改变加在电解池上的输入电压（改变太阳能电池的光照条件或改变光源到太阳能电池的距离），测量输入电流及产生一定体积的气体的时间，记入表中。

（2）由式（16-6）计算氢气产生量的理论值，比较氢气产生量的测量值及理论值。

若不管输入电压与电流大小，氢气产生量只与电量成正比，且测量值与理论值接近，即验证了法拉第定律。

3. 太阳能电池的特性测量

在一定的光照条件下，改变太阳能电池负载电阻的大小，测量输出电压与输出电流之间的关系，如图 16-5 所示。

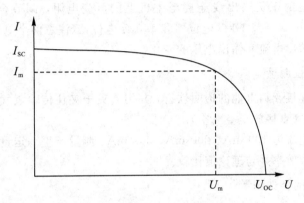

图 16-5　太阳能电池的伏安特性曲线

U_{OC}代表开路电压，I_{SC}代表短路电流，图 16-5 中虚线围出的面积为太阳能电池的输出功率。与最大功率对应的电压称为最大工作电压U_m，对应的电流称为最大工作电流I_m。

表征太阳能电池特性的基本参数还包括光谱响应特性、光电转换效率和填充因子等。

填充因子 FF 定义为

$$FF = \frac{U_m I_m}{U_{OC} I_{SC}} \tag{16-8}$$

它是评价太阳能电池输出特性好坏的一个重要参数，它的值越高，表明太阳能电池输出特性越趋近于矩形，电池的光电转换效率越高。

（1）保持光照条件不变，改变太阳能电池负载电阻的大小，测量输出电压电流值，并计算输出功率，记入表中，作太阳能电池的伏安特性曲线。

（2）作该电池输出功率随输出电压的变化曲线。

（3）计算该太阳能电池的开路电压、短路电流、最大输出功率、最大工作电压、最大工作电流以及填充因子等值。

五、实验过程

1. 燃料电池输出特性的测量

（1）将两气水塔左侧两个软接头用透明软管与电解池分别相连，气水塔下层顶部软接头用透明软管与燃料电池上部接头相连（注意前后，不可扭接）。

（2）用手枪插线将主机电流源与电解池正负接线座相连（注意千万不可接反，接错会导致电解池的损坏）。

（3）将燃料电池正负接线柱与小风扇的正负接线柱用短的手枪插线相连，注意一开始风扇开关应先关闭。

（4）用注射器向两个气水塔中注水（也可用容器直接倒，但注射器更容易控制液面高度），先将电解池中注满水，随着气水塔中液面上升直到液面接近气水塔下层顶端的出气孔下端（距离约 1～2 cm），停止注水（要求水不能进入燃料电池）。

（5）开启主机电源，调节"电流源"，使输出电流至 300 mA（为提高氢气产生效率，一开始宜用大电流）。稳定一段时间后可以打开小风扇开关，应该可以看到风扇扇叶转动。

（6）将燃料电池的正负输出线连接至主机上的可变电阻，调节合适的输出电流（如 100 mA 或者 150 mA），调节 1 kΩ 电位器和 100 Ω 电位器（注意两个电位器配合调节），改变负载大小，测量输出电流和输出电压的变化。

2. 电解池的特性测量

（1）拔掉两根连接燃料电池的透明软管，并用大夹子夹住传输氢气气水塔的橡皮软接头（只测量氢气，氧气直接放至空气中）。

（2）改变输出电流为 100 mA、200 mA、300 mA，测量产生一定量氢气的时间。列表格，计算氢气的产生效率并与理论值比较。

3. 太阳能电池的特性测量

（1）将太阳能电池的两个输出端与主机面板上"可变电阻"的红、黑接线柱相连。

（2）调节射灯与太阳能电池的距离（注意不能太近，因为射灯发热量比较大，以免烧坏太阳能电池），调节电位器，改变负载，测量负载电压和电流值，列表并绘制太阳能电池的伏安特性曲线和功率电压曲线。

六、测量实例

1. 燃料电池输出特性的测量

燃料电池输出特性的测量列表如表 16-1 所示。

表 16-1　燃料电池输出特性的测量

（温度＝30℃，压力＝$1.013×10^5$ Pa 或 1 个大气压，供电电流＝150 mA）

输出电流 I/mA	0.6	1.9	4.5	8.3	13.3	23.5	31.7	34.6	49.2
输出电压 U/mV	794	783	760	739	712	666	636	623	568
功率 $P=U×I$/mW	0.5	1.5	3.4	6.1	9.5	15.7	20.2	21.6	27.9
输出电流 I/mA	55.9	57.5	62.0	66.8	70.4	73.4	76.7	80.3	82.2
输出电压 U/mV	541	531	501	490	467	439	401	297	116
功率 $P=U×I$/mW	30.2	30.5	31.1	32.7	32.9	32.2	30.8	23.8	9.5

作燃料电池的极化特性曲线如图 16-6 所示。

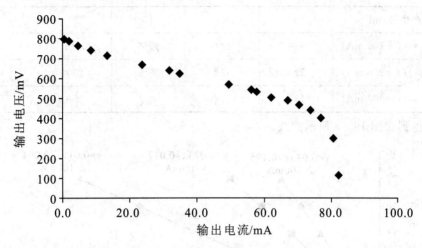

图 16-6　燃料电池的极化特性曲线

作燃料电池输出功率随输出电压的变化曲线如图 16-7 所示。

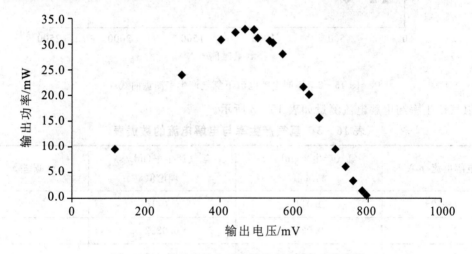

图 16-7　燃料电输出功率随输出电压的变化曲线

由图 16-7 可见，在输出电压为 500 mV 左右，燃料电池取得了最大输出功率，最大输出功率为 32.9 mW 时，输出电流约为 70 mA。

综合考虑燃料电池的利用率及输出电压与理想电动势的差异，燃料电池的效率为

$$\eta_{电池} = \frac{I_{电池}}{I_{电解}} \times \frac{U_{输出}}{1.48} \times 100\% = \frac{P_{输出}}{1.48 \times I_{电解}} \times 100\%$$

$$= \frac{32.9}{1.48 \times 150} \times 100\% = 14.8\%$$

2. 质子交换膜电解池的特性测量

电解池的特性测量如表 16-2 所示。

表 16 - 2　电解池的特性测量数据表

氢气产生量/mL	5	10	15	20	25
测量时间(s)($I=100$ mA)	414	841	1266	1689	2110
测量时间(s)($I=200$ mA)	223	412	626	840	1061
测量时间(s)($I=300$ mA)	136	275	420	558	700

拟合得到如图 16 - 8 所示曲线。

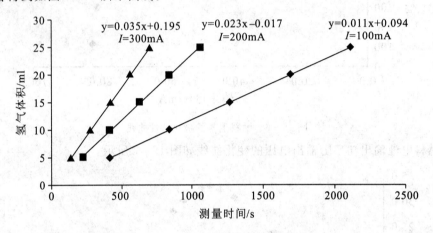

图 16 - 8　不同电解电流下氢气产生率测量曲线

氢气产生率与电解电流测量如表 16 - 3 所示。

表 16 - 3　氢气产生率与电解电流的数据表

电解电流/mA	氢气产生率(mL/s) 测量值	氢气产生率(mL/s) 理论值	误差
$I=100$	0.011	0.0116	5.2%
$I=200$	0.023	0.0232	0.9%
$I=300$	0.035	0.0348	0.5%

3. 太阳能电池的特性测量

太阳能电池输出特性的测量数据如表 16 - 4 所示。

表 16 - 4　太阳能电池输出特性的测量

输出电压 U/V	3.248	3.239	3.23	3.217	3.191	3.143	3.118	3.09	3.054
输出电流 I/mA	1.8	2.6	4.0	7.4	14.1	27.5	32	38.2	45.5
功率 $P=U\times I$/mW	5.8	8.4	12.9	23.8	45.0	86.4	99.8	118.0	139.0
输出电压 U/V	3.014	2.944	2.830	2.436	2.053	1.767	1.174	0.773	
输出电流 I/mA	52.7	61.8	70.1	73.5	73.7	73.8	74.0	74.2	
功率 $P=U\times I$/mW	158.8	181.9	198.4	179.0	151.3	130.4	86.9	57.4	

太阳能电池的伏安特性曲线，如图 16-9 所示。

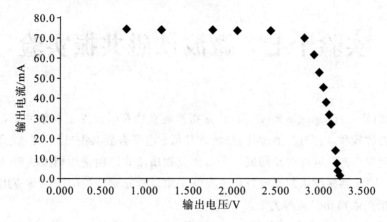

图 16-9　太阳能电池的伏安特性曲线

该电池输出功率随输出电压的变化曲线，如图 16-10 所示。

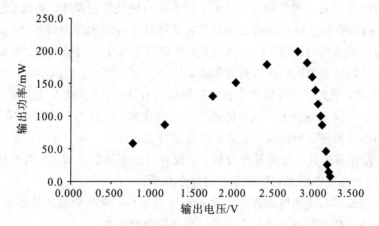

图 16-10　太阳能电池输出功率随输出电压的变化曲线

由图 16-10 可知，太阳能电池的最大输出功率为 198.4 mW，此时，最大工作电压 U_m 为 2.830 V，最大工作电流 I_m 为 70.1 mA。另外，根据太阳能电池的伏安特性曲线可以得到开路电压 U_{OC} 为 3.248 V，短路电流 I_{SC} 是 74.2 mA，填充因子 FF 为 0.823。

七、实验总结

（1）在电解池的测量中，测量氢气的产生量时由于主观因素的作用误差较大，实验可以通过测量较多的氢气产生量来减小误差。

（2）在燃料电池的实验中，由于输出电流并不稳定，因此给读数带来了不便，实验时应在电流示数相对稳定时进行读数。

（3）在太阳能电池的实验中，室内灯光的存在不能提供光强严格不变的条件，这也会造成示数的不稳定。

（4）在综合实验中，电压电流相对变化较大，负载电阻的大小对效率也有一定影响。实验过程中，观察到改变负载电阻对燃料电池输出电流的影响相对电压而言非常大，造成此次实验效率比较小。另外，实验过程中太阳能电池的输出电流也在不断变化。

实验十七　微波铁磁共振实验

　　铁磁共振(Ferromagnetic Resonance)是指铁磁介质在恒定外磁场条件下,对微波段电磁波的共振吸收现象,它与其他磁共振(核磁共振、电子自旋共振)以及光谱、X 射线衍射、穆斯堡尔效应等一起,可以初步构成一个与研究物质微观结构密切相关的全电磁波谱学的概貌。同时,铁磁共振技术的发展过程也反映了物理学基础理论的研究与应用技术的发展之间存在着相互依赖和促进的关系。

　　铁磁共振早在 1935 年就由朗道和栗弗席兹在理论上预言,直到 1946 年由于微波技术的发展和应用,才从实验中观察到。后来,波尔德(Polder)和候根(Hogan)在深入研究铁磁体的共振吸收和旋磁性的基础上,发明了铁氧体的微波线性器件,从而引起了微波技术的重大变革,因此铁磁共振不仅是磁性材料在微波技术应用中的物理基础,而且也是研究其宏观性能与微观结构的有效手段。在现代,铁磁共振和电子自旋共振、核磁共振等一样是研究物质宏观性能和微观结构的有效手段。

　　早在 1935 年,栗弗席兹等就提出铁磁性物质具有铁磁共振特性,十年后由于超高频技术的发展,1947 年又观察到多晶铁氧体的铁磁共振现象,以后的工作多采用单晶样品,是因为多晶样品的共振吸收曲线较宽,又非洛仑兹分布,也不对称,并在许多样品中出现精细结构,而单晶样品的共振数据易于分析,不仅普遍用来测量 g 因子、共振线宽 ΔH 以及弛豫时间 τ,而且还可以用来测量磁晶各向异性参量。

　　铁磁共振在磁学乃至固体物理学中都占有重要地位,它是微波铁氧体物理学的基础。微波铁氧体在雷达技术和微波通信方面都已经获得重要应用。

　　在微波领域中,各种磁性器件及测量目前均采用铁氧体,在铁氧体中,优质的钇铁石榴石单晶目前已成为微波电子技术中唯一受欢迎的小损耗材料。钇铁石榴石(Yttrium Iron Garnet,YIG),其分子式为 $Y_2Fe_5O_{12}$。YIG 单晶在超高频微波场中磁损耗比其他任何品种的多晶、单晶铁氧体要低一个到几个数量级,因而 YIG 是超频铁氧体器件中的一种特殊材料,同时也是研究铁氧体在超高频场内若干特性不可缺少的样品。YIG 单晶小球的 ΔH 非常窄($<80 \ A \cdot m^{-1}$),因而可视为 Q 值极高的铁磁谐振子,用其制作成的微波电调滤波器、预选器、宽频带固态源等 YIG 电调器件正广泛应用于国防、科研等微波技术领域中。

　　本实验主要通过对一些典型铁氧体材料的共振谱线的测定和计算,使读者掌握铁磁共振的基本原理和实验方法,并对它如何应用于磁性材料和固体物理有初步的了解。

一、实验目的

　　(1)了解和掌握各个微波器件的功能及其调节方法。

　　(2)了解铁磁共振的测量原理和实验条件,通过观测铁磁共振现象认识磁共振的一般特性。

（3）通过示波器观察 YIG 多晶小球的铁磁共振信号，确定共振磁场，根据微波频率计算单晶样品的 g 因子和旋磁比 γ。

（4）通过数字式检流计测量谐振腔输出功率与磁场的关系，描绘共振曲线，确定共振磁场 H_r，并根据测量曲线确定共振线宽 ΔH，估算 YIG 多晶样品的弛豫时间 τ。

（5）通过示波器观察 YIG 单晶小球的铁磁共振信号，通过移相器观察单个共振信号，学会用示波器观测确定共振磁场的方法。

（6）学习通过短路活塞测量波导波长 λ_g 及谐振腔的谐振频率 f_0 的方法。

（7）测量已经定向的 YIG 单晶样品共振磁场与 θ 的关系，确定易磁化轴共振磁场 $H_{0[111]}$ 与难磁化轴共振磁场 $H_{0[001]}$ 的大小，计算各向异性常数 K_1 与 g 因子。

二、实验仪器

FD‑FMR‑A 型微波铁磁共振实验装置主要由四部分组成：磁铁系统、微波系统、实验主机系统以及示波器，如图 17‑1 所示。

图 17‑1 FD‑FMR‑A 型微波铁磁共振实验仪实验装置

技术指标如下：

（1）短路活塞：调节范围 0～65 mm。

（2）样品管外径：约 5 mm。

（3）微波频率计：测量范围 8.2～12.4 GHz，分辨率为 0.005 GHz。

（4）数字式高斯计量程：20 000 Gs，分辨率为 1 Gs。

（5）波导规格：BJ‑100（波导内尺寸：22.86 mm×10.16 mm）。

（6）励磁电源：0～6 V 连续可调，分辨率 0.01 V。

（7）调制磁场：50 Hz，0～16 V（峰峰值）连续可调。

（8）检流计：20 mA 挡，分辨率 0.01 mA；2 mA 挡，分辨率 0.001 mA。

（9）实验样品：YIG 单晶小球（已定向），YIG 多晶小球。

三、实验原理

1. 铁磁共振原理

铁磁共振（FMR）观察的对象是铁磁介质中的未偶电子，因此可以说它是铁磁介质中的电子自旋共振。由磁学知识可知，物质的铁磁性主要来源于原子或离子在未满壳层中存在的非成对电子自旋磁矩。由于电子自旋磁矩之间存在强耦合作用,使铁磁介质中存在着许多自发磁化的小区域,这样的小区域称为磁畴。

一块宏观的铁磁材料包含有大量的磁畴区域,每一个磁畴都有一定的磁矩,并有各自的取向,在未加外磁场之前,其排列是无序的,对外的效果相互抵消,不显磁性。外加磁场后,各磁畴的磁矩转变为有序,并趋向外磁场 H 的方向,对外显出较强的磁性。

铁磁介质中的电子自旋磁矩(单位体积内或每一个磁畴的磁矩),用磁化强度矢量 M 表示(简称磁矩 M)。对各向同性的磁性介质,其磁化强度矢量 M 与磁场 H,以及磁感应强度 B 都在同一方向,因此有

$$\begin{cases} M = \chi H \\ B = \mu_0(H+M) = \mu_0(1+\chi)H = \mu_0\mu_r H \\ \mu_r = 1+\varphi \end{cases} \tag{17-1}$$

式中,磁化率χ和相对磁导率 μ_r 都是标量,它们是表征各向同性磁介质磁化特性的参量。

在恒定磁场作用下的铁氧体是一种非线性各向异性的磁性介质(铁氧体是铁和一种或多种适当的金属元素的复合化合物,是铁磁性材料的典型代表),此时 M、H 和 B 三个矢量一般不在同一方向上,因此式(17-1)不再适用,需另外定义其磁化参量——张量磁化率 $\boldsymbol{\chi}$ 和相对张量磁导率 $\boldsymbol{\mu}_r$。

铁磁介质的磁导率主要由电子自旋所决定,按照经典力学原理,电子自旋角动量 J_m 与自旋磁矩 P_m 有如下关系:

$$P_m = \gamma J_m \tag{17-2}$$

式中,$\gamma = -g\mu_B/\eta$,称为旋磁比。

在外磁场 H 中,自旋电子将受到一个力矩 T 的作用:

$$T = P_m \times H \tag{17-3}$$

因而角动量 J_m 发生变化,其运动方程为

$$\frac{\mathrm{d}J_m}{\mathrm{d}t} = T \tag{17-4}$$

将式(17-2)代入上式得到

$$\frac{\mathrm{d}P_m}{\mathrm{d}t} = \gamma(P_m \times H) \tag{17-5}$$

若在铁氧体中单位体积内有 N 个自旋电子,则磁化强度 M 为

$$M = NP_m \tag{17-6}$$

因此有

$$\frac{\mathrm{d}M}{\mathrm{d}t} = \gamma(M \times H) \tag{17-7}$$

若磁矩 M 按 $M = m_{x,y}\mathrm{e}^{\mathrm{i}\omega_0 t}$ 规律进动,而恒磁场 $H = H_0 i_z$,代入上式解此方程,得到

$$\omega_0 = \gamma H_0 \tag{17-8}$$

这就是通常称为拉莫尔(Larmor)进动的运动方式,如图 17-2 所示,ω_0 为磁矩 M 的自由进动角频率。

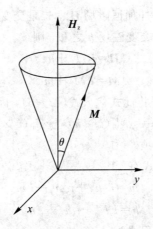

图 17-2 磁矩在磁场中作拉莫尔进动

从量子力学的观点来看，共振吸收现象发生在电磁场的能量子 $\eta\omega$ 恰好等于系统 M 的两个相邻塞曼能级间的能量差，即

$$\eta\omega = \Delta E = H_0 \frac{g\eta e}{2mc} \Delta m \qquad (17-9)$$

吸收过程中产生 $\Delta m = -1$ 的能级跃迁，因此这一条件等同于 $\omega = \gamma H_0 = \omega_0$，与经典力学的结论一致。

若取 $g \approx 2$，可得进动的频率为

$$f_0 = \frac{\omega_0}{2\pi} = \frac{\gamma}{2\pi} H_0 = 2.80 H_0 \qquad (17-10)$$

如外加恒磁场 $H_0 = 0.3$ T，则 $f_0 \approx 9000$ MHz，它将在微波波段范围之内。

在外加恒定磁场 H_0 的作用下，磁矩 M 将围绕着磁场 H_0 进动。实际上这种进动不会延续很久，因为磁介质内部有损耗存在，即磁矩进动受到某种阻力，这种阻力迫使进动角 θ 不断减小，最后使 M 趋向于磁场 H_0，如图 17-3 所示。这个过程就是磁化过程，磁性介质之所以能被磁化就说明其内部存在阻尼损耗。

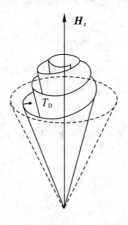

图 17-3 磁矩在磁场中受阻尼进动

图 17-3 中 T_D 表示阻尼力，其方向指向 H_0。磁矩 M 受阻尼力的作用很快地转向 H_0 方向，其周期约为 $10^{-6} \sim 10^{-9}$ s，如果要维持其进动，必须另外提供能量。因此，一般来说

外加磁场 H 由两部分组成：一是外加恒磁场 H_0，二是交变磁场 h（即微波磁场）。现在假设外加磁场 H 为外加恒磁场 H_0 与交变磁场 h 之和，则

$$\begin{cases} H = i_z H_0 + h e^{j\omega t} \\ M = i_z M_0 + m e^{j\omega t} \end{cases} \quad (17-11)$$

式中，m 为磁矩 M 的交变分量。将此式代入式（17-6），因 $H_0 > h$，$M_0 > m$，化简后有

$$j\omega m = \gamma M_0 (i_z \times h) - \gamma H_0 (i_z \times m) \quad (17-12)$$

此处略去直流分量与二倍频率的项。

采用直角坐标，写成分量形式有

$$\begin{cases} m = i_x m_x + i_y m_y + i_z m_z \\ h = i_x h_x + i_y h_y + i_z h_z \end{cases} \quad (17-13)$$

可得到式（17-12）三个分量的方程式为

$$\begin{cases} j\omega m_x = -\omega_0 m_y - \gamma M_0 h_y \\ j\omega m_y = \gamma M_0 h_x + \omega_0 m_x \\ j\omega m_z = 0 \end{cases} \quad (17-14)$$

由此式可解出

$$\begin{cases} m_x = \dfrac{-j\omega\gamma M_0}{\omega_0^2 - \omega^2} h_y - \dfrac{\omega_0 \gamma M_0}{\omega_0^2 - \omega^2} h_z \\ m_y = \dfrac{j\omega\gamma M_0}{\omega_0^2 - \omega^2} h_x - \dfrac{\omega_0 \gamma M_0}{\omega_0^2 - \omega^2} h_y \end{cases} \quad (17-15)$$

令

$$\begin{cases} \chi = \dfrac{\omega_0 \omega_m}{\omega_0^2 - \omega^2} \\ \zeta = \dfrac{-\omega\omega_m}{\omega_0^2 - \omega^2} \\ \omega_m = -\gamma M_0 \end{cases} \quad (17-16)$$

式中，ω_m 称为铁氧体的本征角频率，它由 M_0 决定，亦即由材料的性质所决定。

则式（17-15）可写为

$$\begin{cases} m_x = \chi h_x - j\zeta_y \\ m_y = j\zeta h_x - \chi h_y \\ m_z = 0 \end{cases} \quad (17-17)$$

上式写成张量形式为

$$m = \chi \cdot h$$

$$\chi = \begin{bmatrix} \chi & -j\zeta & 0 \\ j\chi & \chi & 0 \\ 0 & 0 & 0 \end{bmatrix} \quad (17-18)$$

式中，χ 称为张量磁化率。

令磁感应强度 B 的交变分量为 b，则由 $B = \mu_0 (H + M)$，有

$$b = \mu_0 (h + m) = \mu_0 (1 + \chi) \cdot h = \chi \cdot h$$

$$\boldsymbol{\mu} = \begin{bmatrix} \mu & -j\kappa & 0 \\ j\kappa & \mu & 0 \\ 0 & 0 & \mu_0 \end{bmatrix} \tag{17-19}$$

式中，$\boldsymbol{\mu}$ 称为张量磁导率。

在进动方程（17-7）中，我们没有考虑阻尼项，在计及阻尼时方程式应修正为（也称朗道-利弗希茨方程）

$$\frac{d\boldsymbol{M}}{dt} = \gamma(\boldsymbol{M} \times \boldsymbol{H}) + \boldsymbol{T}_D \tag{17-20}$$

式中，$\boldsymbol{T}_D$ 是阻尼项，如果 $\boldsymbol{T}_D = 0$，就是非阻尼进动（拉莫尔进动）；$\boldsymbol{T}_D \neq 0$ 就是阻尼进动。磁化强度 $\boldsymbol{M}$ 进动时所受的阻尼作用是一个极其复杂的过程，不仅其微观机制目前还不十分清楚，其宏观表达式也没有唯一的方式，这里我们采用布洛赫在研究核磁共振时提出的方式：

$$\boldsymbol{T}_D = -\frac{1}{\tau} [\boldsymbol{M} - \chi_0 \boldsymbol{H}] \tag{17-21}$$

于是进动方程可写为

$$\begin{cases} \dfrac{dM_x}{dt} = \gamma(\boldsymbol{M} \times \boldsymbol{H})_x - \dfrac{M_x}{\tau_2} \\[2mm] \dfrac{dM_y}{dt} = \gamma(\boldsymbol{M} \times \boldsymbol{H})_y - \dfrac{M_y}{\tau_2} \\[2mm] \dfrac{dM_z}{dt} = \gamma(\boldsymbol{M} \times \boldsymbol{H})_z - \dfrac{M_z - M_0}{\tau_1} \end{cases} \tag{17-22}$$

式中，τ_1 为纵向弛豫时间，τ_2 为横向弛豫时间。仿照以上方法解式（17-22），所导出的张量磁导率 $\boldsymbol{\mu}$ 中的 μ 和 k 都是复数，即

$$\mu = \mu' - j\mu''; \quad k = k' - jk''$$

其中，实部 μ' 为铁磁介质在恒定磁场中的磁导率，它决定了磁性材料中储存的磁能，虚部 μ'' 则反应交变磁场能在磁性材料中的损耗。

以上结论说明，在恒定磁场和微波磁场的共同作用下，b 和 h 的关系为张量形式，其原因是磁矩 $\boldsymbol{M}$ 在磁场的作用下作进动引起的，这也是旋磁性的主要特征，由此可设计出多种不可逆转的微波器件。现在我们主要关心的是铁磁介质的另一个重要特性——铁磁谐振。当改变直流磁场 H_z 和微波频率 ω 时，总可以发现在某一条件下，铁磁体会出现一个最大的磁损耗，亦即进动的磁矩会对微波能量产生一个强烈的吸收，以克服由此损耗引起的阻力。现将 μ 的实部 μ' 和虚部 μ'' 写成如下形式：

$$\mu' = 1 + \frac{4\pi}{D} \left[M\gamma^2 H_z \left(1 + \frac{\lambda^2}{\gamma^2 M^2} \right)(\gamma^2 H_0^2 - \omega^2) + 2\omega^2 \frac{\lambda^2}{\chi_0} \right] \tag{17-23}$$

$$\mu'' = \frac{4\pi}{D} \lambda\omega(\gamma^2 H_0^2 + \omega^2) \tag{17-24}$$

其中

$$D = (\gamma^2 H_0^2 - \omega^2)^2 + 4\omega^2 \frac{\lambda^2}{\chi_0^2} \tag{17-25}$$

由式(17-25)可见，当 $\omega=\omega_0=\gamma H_z$ 时，D 取最小值，相应地 μ'' 出现最大值，这就是共振吸收现象。

如图 17-4 给出了 μ'' 随 H_0 变化的规律，在共振曲线上峰值对应的 H_r 为共振磁场，而 $\mu''=\frac{1}{2}\mu''_m$ 两点对应的磁场间隔 H_2-H_1 称为共振线宽 ΔH，在实际应用中铁磁谐振损耗并不用 μ'' 表示，而是采用共振线宽 ΔH 来表示，所以 ΔH 是描述铁氧体材料的一个重要参数。ΔH 越窄，磁损耗越低。ΔH 的大小也同样反映磁性材料对电磁波的吸收性能，并在实验中直接测定，所以测量 ΔH 对研究铁磁共振的机理和提高微波器件的性能是十分重要的。

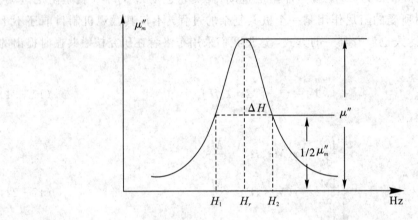

图 17-4　铁磁共振线宽 ΔH 的表示

共振线宽 ΔH 还与弛豫时间 τ 有关。磁矩 M 进动的阻尼作用也可用弛豫时间 τ 来表示。ΔH 与 τ 的关系可由张量磁化率导出，满足下列关系：

$$\Delta H=\frac{2}{\gamma\tau} \tag{17-26}$$

以上讨论，我们认为样品是无限大的。因为铁磁介质具有很强的磁性，在外磁场和高频磁场的作用下，在样品表面产生"磁荷"，相应地在样品内部产生退磁场，这个退磁场对共振产生影响，它将使共振场发生很大的位移。这时共振条件 $\omega_0=\gamma H_0$ 只适用于小球样品，因此，我们在实验中采用多晶或单晶铁氧体 YIG($Y_3Fe_5O_{12}$ 钇铁石榴石)小球为样品。

2. 铁磁共振线宽 ΔH 的测量方法

图 17-5 给出了有阻尼作用时 YIG 的共振曲线，在共振点，YIG 样品对微波磁场有最大吸收，相当于最大功率吸收的一半的两个磁场之差称为样品的铁磁共振有载线宽，以 ΔH_L 表示。即有

$$P_{1/2}=\frac{P_0+P_r}{2} \tag{17-27}$$

其中，P_0 为远离铁磁共振区时谐振腔的输出功率，P_r 为出现共振时的输出功率，$P_{1/2}$ 为半共振点的输出功率，如果检波晶体管的检波满足平方律关系，则检波电流 $i \propto P$，上式可变为

$$I_{1/2}=\frac{I_0+I_r}{2}$$

所以有载线宽为

$$\Delta H_L = H_2 - H_1 \tag{17-28}$$

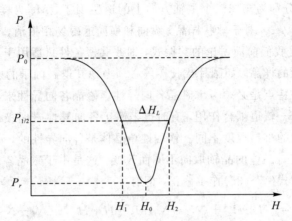

图 17-5　$P \sim H$ 关系曲线

　　本实验采用短路波导法测量 YIG 样品的共振线宽。将 YIG 样品小球放在短路波导中，靠近短路波导断面正中心（微波磁场最大位置处），当铁磁共振发生时，可以把 YIG 样品小球等效为一个和传输线耦合的铁磁谐振器，则它的固有线宽 ΔH 为

$$\Delta H = \frac{\Delta H_L}{1+\beta} \tag{17-29}$$

其中，β 称为耦合系数，有

$$\beta = \frac{1+R_r}{1-R_r} \tag{17-30}$$

其中，R_r 称为共振反射系数，$R_r = \pm \sqrt{P_r/P_0} = \pm \sqrt{I_r/I_0}$，负号和正号分别对应于过耦合（$\beta>1$）和欠耦合（$\beta<1$），实验中一般调节至欠耦合状态，即 R_r 取正号。可以得到共振线宽 ΔH：

$$\Delta H = \frac{\Delta H_L}{2}\left(1+\frac{P_r}{P_0}\right) = \frac{\Delta H_L}{2}\left(1+\frac{I_r}{I_0}\right) \tag{17-31}$$

这样就可以由 $I \sim H$ 曲线来测定共振线宽 ΔH 了。

3. 磁晶各向异性与 k_1 的测量

　　实际上，铁磁共振具有不寻常的特点，铁磁共振发生时，共振角频率与外磁场的关系还与样品的其他参量有关。

　　首先必须考虑样品形状引起退磁场 H_d 的影响。因为铁磁体具有很强的磁性，在直流磁场和高频磁场的作用下，在样品表面产生"磁荷"，相应地在样品内部产生恒定的高频退磁场，会对共振产生影响，其作用是使共振场发生很大的位移。H_d 的大小与 M 成正比，并与"磁荷"的分布有关，"磁荷"的分布显然与样品形状有关，则

$$H_d = -NM \tag{17-32}$$

式中，N 称为退磁因子或形状各向异性因子。Kittel 最早考虑了这一因素。对于椭球样品，共振角频率 ω 满足

$$\left(\frac{\omega}{\gamma}\right)^2 = [H + (N_x - N_z)M_S][H + (N_y - N_z)M_S] \tag{17-33}$$

式中，N_x、N_y、N_z 分别为椭球三个主轴方向上的退磁因子，M_S 为样品的饱和磁化强度。$N_x + N_y + N_z = 1$，$H // z$。对于球状样品，纵向和横向退磁场相抵消，于是式（17-32）就变成了 $\omega = \gamma H$。这就是我们前面讨论的共振式，即改共振条件只适用于无限大或球状的多晶样品。对于其他形状的样品，如圆片或长棒等必须考虑其退磁因子的影响。

铁磁共振的另一特点是必须考虑磁晶各向异性。磁晶各向异性来源于各向异性交换作用及各向异性自旋——轨道耦合作用，有时也来源于各向异性磁偶极子的相互作用，它使磁矩沿不同方向磁化的难易程度不同。铁磁性单晶体是各向异性的，即表现出共振时外加直流磁场的大小随其对晶体的晶轴取向不同而改变，这是由于磁晶各向异性场 H_{ax} 作用的影响。于是 Kittel 对式（17-33）作了修正，即有

$$\left(\frac{\omega}{\gamma}\right)^2 = [H + H_{ax} + (N_x - N_z)M_S][H + H_{ay} + (N_y - N_z)M_S] \tag{17-34}$$

式中，H_{ax} 和 H_{ay} 分别代表由 M 偏离 z 轴方向，而在 x、y 两轴方向上所产生的磁晶各向异性场，也即等于在 x、y 两方向上各增加了一部分等效退磁场的作用。

我们实验用的样品为 YIG 单晶小球，属于立方晶系（见图 17-6(a)），并且为球形（忽略形状各向异性），拟 H 在（110）晶面内与[001]轴夹角为 θ（见图 17-6(a)），则

$$\begin{cases} H_{ax} = \left(1 - 2\sin^2\theta - \dfrac{3}{8}\sin^2 2\theta\right)\dfrac{2k_1}{\mu_0 M_S} \\ H_{ay} = (2 - \sin^2\theta - 3\sin^2 2\theta)\dfrac{k_1}{\mu_0 M_S} \end{cases} \tag{17-35}$$

式中，k_1 为磁晶各向异性常数，略去了高次磁晶各向异性常数 k_2，k_3，…。当 $\dfrac{k_1}{\mu_0 M_S} \ll H$ 时，又可略去 $\dfrac{k_1}{\mu_0 M_S}$ 高次项，Kittel 铁磁共振公式可进一步简化为（一级近似）

$$\omega = \gamma\left[H + \left(2 - \frac{5}{2}\sin^2\theta - \frac{15}{8}\sin^2 2\theta\right)\frac{k_1}{\mu_0 M_S}\right] \tag{17-36}$$

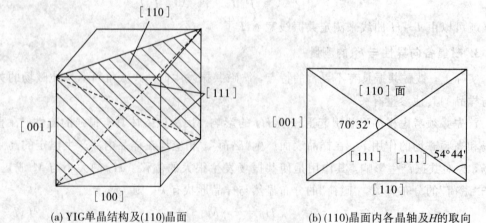

(a) YIG 单晶结构及（110）晶面　　　　(b)（110）晶面内各晶轴及 H 的取向

图 17-6　YIG 单晶样品

将 $\theta=0°$ 和 $\theta=\arcsin\sqrt{2/3}\approx54°44'$ 分别代入式(17-36)，则得到(对于 $k_1<0$)

$$\omega(\theta=0°)=\gamma\left(H_{[001]}+\frac{2k_1}{\mu_0 M_s}\right),\ (H/\!/[001]\text{轴}) \tag{17-37}$$

$$\omega(\theta\approx54°44')=\gamma\left(H_{[111]}-\frac{4k_1}{3\mu_0 M_s}\right),\ (H/\!/[111]\text{轴}) \tag{17-38}$$

取 $\omega=\omega_0$(相应的共振磁场表示为 H_0)，由式(17-37)式(17-38)联立求解得

$$\frac{k_1}{\mu_0 M_s}=-\frac{3}{10}(H_{0[001]}-H_{0[111]}) \tag{17-39}$$

$$g=\frac{10\omega_0}{\frac{\mu_0 e}{2m}(4H_{0[001]}+6H_{0[111]})} \tag{17-40}$$

为了能准确测出 $H_{0[001]}$ 和 $H_{0[111]}$，首先必须对样品进行定向，即定出(110)晶面，并使其在整个共振测量过程中与直流磁场 H 共面。

比较式(17-37)和式(17-38)可知，[001]轴为难磁化轴，[111]轴为易磁化轴，采用磁场定向方法找出两根[111]轴(二者夹角为 $70°32'$)，由此定出(110)晶面，见图 17-6(b)。

四、实验内容

(1) 了解和掌握各个微波器件的功能及其调节方法。

(2) 了解铁磁共振的测量原理和实验条件，通过观测铁磁共振现象认识磁共振的一般特性。

(3) 通过示波器观察 YIG 多晶小球的铁磁共振信号，确定共振磁场，根据微波频率计算单晶样品的 g 因子和旋磁比 γ。

(4) 通过数字式检流计测量谐振腔输出功率与磁场的关系，描绘共振曲线，确定共振磁场 H_r，并根据测量曲线确定共振线宽 ΔH，估算 YIG 多晶样品的弛豫时间 τ。

(5) 通过示波器观察 YIG 单晶小球的铁磁共振信号，通过移相器观察单个共振信号，学会用示波器观测确定共振磁场的方法。

(6) 学习通过短路活塞测量波导波长 λ_g 以及谐振腔的谐振频率 f_0 的方法。

(7) 测量已经定向的 YIG 单晶样品共振磁场与 θ 的关系，确定易磁化轴共振磁场 $H_{0[111]}$ 与难磁化轴共振磁场 $H_{0[001]}$ 的大小，计算各向异性常数 k_1 与 g 因子。

实验过程如下：

(1) 仪器连接。将两台实验主机与微波系统、电磁铁以及示波器连接。

具体方法为：电磁铁励磁电源用两根红黑手枪插线与电磁铁相连，注意红黑插线不要接反，磁铁扫描电源使用两根 Q9 线，一路接电磁铁，一路接示波器 CH1 通道，此时换向开关掷于"接通"端(此开关的作用是控制扫描电源与扫描线圈的通断，接通时用于示波器检测，断开时用于微电流计直接测量)，移相器用于示波器观察单个共振信号(李萨如图观察)，需要时接示波器 CH1 通道。

另一台实验主机共振信号检测(微电流计)中"接检波器"Q9 座与检波器相连，"接示波器"Q9 座与示波器 CH2 通道相连，中间"转换"开关向左拨表示检波器输出接于微电流计，进行直接测量；向右拨表示检波器输出接于示波器，进行交流观察和测量。琴键开关可以

选择"2 mA"挡和"20 mA"挡，一般情况下使用"20 mA"挡。磁场测量（高斯计）中"信号输入"接高斯计探头，并将探头固定在电磁铁转动支架上，用同轴线将主机"DC12V"输出与微波源相连。

开启实验主机和示波器电源，预热20分钟。

（2）测量磁场。转动高斯计探头固定臂，将高斯计探头放入谐振腔中心孔中，并转动探头方向，使传感器与磁场方向垂直（根据霍尔效应原理，也就是使得传感器输出数值最大），调节主机"电磁铁励磁电源""电压调节"电位器，改变励磁电流，观察数字式高斯计表头读数，如果随着励磁电流（表头显示为电压，因为线圈发热很小，电压与励磁电流成线性关系）增加，高斯计读数增大说明励磁线圈产生磁场与永磁铁产生磁场方向一致，反之，则两者方向相反，此时只要将红黑插头交换一下即可。

调节励磁电源的"电压调节"电位器，将磁场调节至3360 Gs左右（因为微波频率在9.4 GHz左右，根据共振条件，此时的共振磁场大约为3360 Gs），亦可由小至大改变励磁电流，记录电压读数与高斯计读数，作电压—磁感应强度关系图，得到二者关系式。在后面的测量中可以不用高斯计，而通过拟合关系式计算得出中心磁感应强度数值。

（3）示波器观测YIG多晶样品共振信号。移开高斯计探头并放入样品，磁铁扫描电源换向开关掷于"接通"端，并旋转"电流调节"电位器至合适位置（一般取中间位置），共振信号检测（微电流计）"转换"开关掷于"接示波器"端。

调节双T调配器，观察示波器上信号线是否有跳动，如果有跳动说明微波系统工作，如无跳动，检查12 V电源是否正常。将示波器的输入通道打在直流（DC）挡上，调节双T调配器，使直流（DC）信号输出最大，调节短路活塞，再使直流（DC）信号输出最小，然后将示波器的输入通道打在交流（AC）5 mV或10 mV挡上，这时在示波器上应可以观察到共振信号，但此时的信号不一定最强，可以再小范围地调节双T调配器和短路活塞使信号最大，而后仔细调节励磁电压，使示波器上观察到的共振信号均匀分布（此时的磁场才为测量g因子的共振磁场），如图17-7所示。单个观察要求能够出现如图17-8所示的图形。调节短路活塞，可以在两到三个位置观察到均匀且最大的铁磁共振信号（实验信号调节完成，可以记下这几个位置，以后的测量过程中只需调节到这几个合适位置即可）。

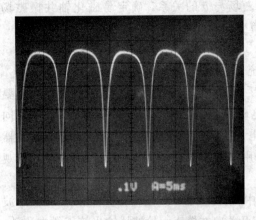 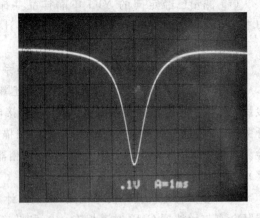

图17-7 示波器观察YIG多晶样品共振信号　　图17-8 示波器观察单个YIG多晶样品共振信号

(4) 确定共振磁场并测量微波频率，计算 YIG 多晶样品的旋磁比 γ 以及 g 因子。旋转频率计上端黑色旋钮，当达到微波频率时，能够在示波器上看到共振信号有突然的抖动，仔细调节确定抖动的位置，根据机械式频率计的读数测量微波频率 f_0（一般在 9.4 GHz 左右）。将"磁铁扫描电源"转换开关掷于"断开"端，"共振信号检测（微电流计）"中的"转换"开关掷于"接检波器"端，微电流计置于"20 mA"挡，通过微电流计检测共振点磁场，方法为：由小至大改变励磁电压，可以看到微电流计数值在某一点会有突然的减小，减至最小值时的励磁电压即为共振磁场的电压值，根据前面计算得出的励磁电压与磁场的关系式，可以换算出共振磁场 H_0，也可以逐点测量，描绘出 $I \sim H$ 曲线（因为检波晶体管满足平方律关系，即检波电流 $I \propto P$，所以此曲线也就是 $P \sim H$ 曲线）。根据测量得出的 f_0 和 H_0 的大小，根据原理部分的公式（17-8）和式（17-40），可以计算得出 YIG 单晶样品的旋磁比 γ 和 g 因子的大小。

(5) 手动测量 YIG 多晶样品的共振线宽 ΔH，估算样品的弛豫时间 τ（分为描点和直接测量两种）。

根据前面步骤（4）测量得出的共振 $I \sim H$ 曲线，可以用作图法找到半功率点，并得出共振线宽 ΔH 的大小。这里我们选用另外一种方法，通过电流计直接测量得到，方法是：仔细调节励磁电源的电压调节电位器，首先得到 I_0 和 I_r 的大小，根据原理部分公式（17-30）和式（17-31）可以知道，只要测量得出 I_0 和 I_r，就可以得出 $I_{1/2}$ 的大小，根据 $I_{1/2}$ 的值，仔细调节找出两个半功率点的对应励磁电压，再根据前面拟合的励磁电压与磁场的关系式计算得出 ΔH，根据共振线宽的大小计算得出弛豫时间 τ。

(6) 示波器观察 YIG 单晶样品共振信号。同样的方法，放入已经定向的 YIG 单晶样品（带转盘的样品），重复步骤（3）、（4）同样可以在示波器上观察到 YIG 单晶的共振曲线（注意此时要调节励磁电压至合适的值，因为对应不同的方向，共振磁场的大小也不一样），如图 17-9 和图 17-10 所示。注意，YIG 单晶小球的共振线宽较窄（约 1 Oe 左右），所以描点测量或者电流计直接测量比较困难（FD-FMR-B 型铁磁共振实验仪采用了计算机采集，能够实时测量 YIG 单晶和多晶样品的共振曲线，并自动分析），这里就只作定性观察，另外将移相器的信号接入示波器的"CH1 通道"，YIG 单晶样品共振信号接入示波器"CH2 通道"，观察李萨如图可以得到如图 17-11 所示的图形。调节短路活塞以及励磁电源的电压值，使信号左右对称，再调节移相器"相位调节"电位器可以使两个共振信号重合，这时对应的磁场即为共振磁场，这种方法可以通过示波器来确定共振点磁场的大小。

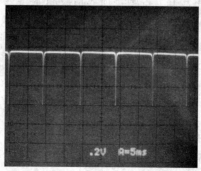

图 17-9　示波器观察 YIG 单晶样品共振信号

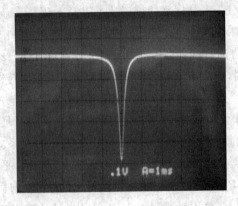 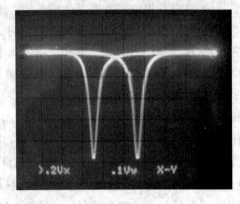

图 17-10 示波器观察单个 YIG 单晶样品共振信号　　图 17-11　YIG 单晶共振信号李萨如图形观测

(7) 测量已经定向的 YIG 单晶样品的各向异性常数以及 g 因子。在成功调出 YIG 单晶共振信号的基础上，旋转样品，可以发现在某一固定磁场时，在固定角度才有信号在示波器上出现，这是因为共振磁场 H_0 在随 θ 而变化。用手动测量的方法可以得出共振场 H_0 随 θ 的变化曲线(有两种方法，即示波器观察与电流计观测)，其中 H_{0max} 和 H_{0min} 分别对应于 $H_{0[001]}$ 和 $H_{0[111]}$，根据原理部分公式(17-39)和式(17-40)，就可以得出各向异性常数 k_1 和 g 因子。

(8) 测量波导波长 λ_g 以及谐振频率 f_0(选做)。在调出 YIG 单晶信号的基础上，通过移相器观察共振信号，调节短路活塞位置，可以发现在可调节范围内，能够观察到有三个点共振信号最大，如图 17-11 所示，记下这三个位置的读数，因为谐振腔发生谐振时，腔长 l 必须为半个波导波长的整数倍，即 $l = p \dfrac{\lambda_g}{2}$，所以根据测量得到的位置读数，即可以计算得到波导波长 λ_g 以及谐振频率 f_0 的大小。

五、注意事项

(1) 磁极间隙在仪器出厂前已经调整好，实验时最好不要自行调节，以免偏离共振磁场过大。

(2) 保护好高斯计探头，避免弯折、挤压。

(3) 励磁电源要缓慢调整，同时仔细注意波形变化，才能辨认出共振峰。

(4) 检波器输出两线不得短路，否则将损坏检波晶体。

(5) 衰减器尽量调到衰减较大的位置，输出功率够用即可。

(6) 测量后将磁场和扫场调节至零，调整磁场和扫场应缓慢转动旋钮。

(7) 更换样品时要当心，防止样品损坏、破碎以及丢失。

六、实验实例

1. 测量磁场强度与励磁电源电压的关系

测量数据如表 17-1 所示(注意，磁场强度单位换用 Oe，空气中测量对应1 Oe=1 Gs)。

表 17-1 磁场强度与励磁电源电压数据

U/V	0.15	0.34	0.63	0.97	1.38	1.71	2.06	2.39
H/Oe	3207	3212	3220	3230	3241	3250	3260	3270
U/V	2.75	3.10	3.50	3.92	4.30	4.70	5.16	5.54
H/Oe	3280	3290	3301	3313	3324	3335	3348	3359
U/V	5.78	6.29	7.14	7.67				
H/Oe	3366	3380	3404	3419				

作图得到励磁电源电压与磁场强度之间的关系曲线，如图 17-12 所示。

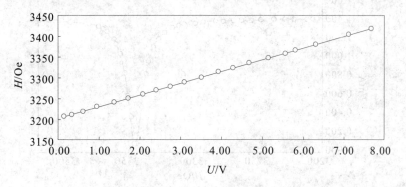

图 17-12 励磁电源电压与磁场强度之间的关系曲线

拟合得到 $H = 29.262U + 3202.3$，相关系数 $r = 0.9999$，磁感应强度与励磁电流线性关系明显。后面测量中只需通过表头读出励磁电压，通过拟合公式就可以得到磁场强度的大小。

2. 描点法直接测量 YIG 多晶样品的共振曲线并计算 g 因子和旋磁比 γ

手动测量励磁电压与检波器输出电流之间的关系，数据如表 17-2 所示。

表 17-2 励磁电压与检波器输出电流

U/V	0.19	0.36	0.72	0.97	1.25	1.59	1.86	2.14
H/Oe	3208	3212	3223	3230	3238	3247	3255	3263
I/mA	1.386	1.385	1.383	1.381	1.380	1.375	1.371	1.370
U/V	2.37	2.65	2.86	3.21	3.41	3.54	3.70	3.88
H/Oe	3269	3271	3283	3293	3299	3302	3307	3312
I/mA	1.366	1.363	1.361	1.350	1.342	1.338	1.330	1.313
U/V	4.03	4.17	4.25	4.42	4.55	4.69	4.76	4.89
H/Oe	3316	3320	3322	3327	3331	3335	3337	3341
I/mA	1.294	1.270	1.247	1.179	1.097	0.946	0.814	0.470

U/V	5.04	5.09	5.17	5.25	5.34	5.47	5.57	5.63
H/Oe	3345	3346	3348	3351	3353	3357	3360	3361
I/mA	0.088	0.092	0.369	0.592	0.823	1.024	1.131	1.172
U/V	5.71	5.82	5.92	6.05	6.32	6.84	7.09	7.64
H/Oe	3364	3367	3370	3373	3381	3396	3403	3418
I/mA	1.215	1.257	1.283	1.310	1.341	1.354	1.365	1.384

作图得到共振曲线，如图 17-13 所示。

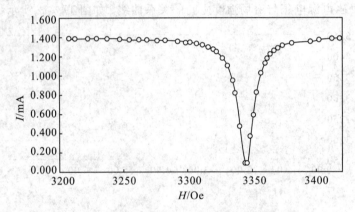

图 17-13　YIG 多晶小球共振曲线

从曲线上可以得到共振磁场 $H_0 = 3345$ Oe，通过微波频率计测量得到微波频率为 $f_0 = 9.41$ GHz。

由公式 $\omega_0 = \gamma \cdot H_0$ 可以得到 $\gamma = \dfrac{2\pi f_0}{H_0}$，代入计算得到 $\gamma = 2.219 \times 10^5$ $A^{-1} \cdot m \cdot s^{-1}$，计算时注意 1 Oe$=79.6$ A$\cdot$m^{-1}。

又因为 $\gamma = \dfrac{\mu_0 e}{2m} g$，可以得到 $g = \dfrac{2m\gamma}{\mu_0 e}$，其中，真空磁导率 $\mu_0 = 4\pi \times 10^{-7}$ H$\cdot$m^{-1}，电子电量 $e = 1.6022 \times 10^{-19}$ C，电子质量 $m = 9.109 \times 10^{-31}$ kg，代入计算得到朗德因子 $g = 2.01$。

3. 手动测量计算 YIG 多晶样品的共振线宽

测量数据如下：

$I_0 = 1.03$ mA，$I_r = 0.09$ mA（默认测量电流与微波功率成线性关系）

计算得到 $I_{1/2} = \dfrac{I_0 + I_r}{2} = 0.56$ mA，对应电压 $U_1 = 4.65$ V，$U_2 = 5.08$ V。

根据测量得到励磁电压与磁场强度的关系 $H = 28.89U + 3218.2$，其中励磁电压 U 单位为 V，磁场强度 H 单位为 Oe。可以得到对应磁场 $H_1 = 3352.5$ Oe，$H_2 = 3365.0$ Oe。得到有载线宽 $\Delta H_L = H_2 - H_1 = 12.5$ Oe。

因为固有线宽 $\Delta H = \dfrac{\Delta H_L}{2}\left(1 + \dfrac{I_r}{I_0}\right)$（这里采用反射式谐振腔，调节为欠耦合状态，$\beta < 1$）可

以计算得到 YIG 多晶小球样品共振线宽 $\Delta H \approx 7$ Oe。

测量时注意防止频散效应的影响，即首先在示波器上调出左右对称的共振信号。

说明：YIG 多晶共振线宽一般为单晶的几倍到几十倍，本仪器所配 YIG 多晶样品共振线宽为 $5 \sim 50$ Oe，单晶样品共振线宽 <1 Oe。

根据公式 $\tau = \dfrac{2}{\gamma \Delta H}$，可以计算得出弛豫时间 $\tau = 1.62 \times 10^{-8}$ s。

4. 示波器观测 YIG 单晶样品的共振曲线并测量其各向异性常数 K_1 以及 g 因子（已定向样品）

放入已经定向的 YIG 单晶样品小球，测量旋转角度与共振磁场之间的关系曲线，实验中每隔 5° 测量一个数据，因为数据较多，这里不再列表，只列出测量得到的关系曲线，如图 17-14 所示。

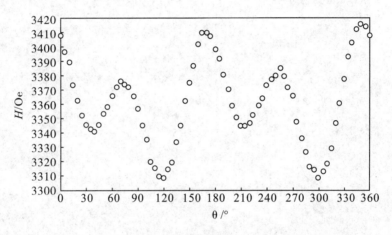

图 17-14　YIG 单晶定向样品旋转角度与共振磁场的关系曲线

由测量曲线可以得到：

$H_{0\max} = 3415$ Oe，$H_{0\min} = 3309$ Oe，即 $H_{0[001]} = 3415$ Oe，$H_{0[111]} = 3309$ Oe，另外测量得到 $f_0 = 9.4$ GHz。

根据公式（17-40），取 $\mu_0 = 4\pi \times 10^{-7}$ H/m，$e = 1.602 \times 10^{-19}$ C，$m = 9.109 \times 10^{-31}$ kg，代入 $g = \dfrac{10\omega_0}{\dfrac{\mu_0 e}{2m}(4H_{0[001]} + 6H_{0[111]})}$，计算得到 $g = 2.003$。

根据公式（17-39）可以得到 $k_1 = -\dfrac{3}{10}\mu_0 M_S (H_{0[001]} - H_{0[111]})$，其中 YIG 单晶样品饱和磁化强度取 $4\pi M_S = 1700$ Gs，计算得到磁晶各向异性常数 $K_1 = -4.3 \times 10^2$ J/m³。

5. 测量波导波长 λ_g 以及谐振频率 f_0

调节短路活塞位置，测量得出三个共振点的位置（采用多晶样品测量）：
$L_1 = 12.300$ mm，$L_2 = 34.460$ mm，$L_3 = 57.000$ mm。

按照 $\dfrac{\lambda_g}{2} = \dfrac{1}{2}(L_3 - L_1)$，计算得出波导波长 $\lambda_g = 44.7$ mm。

根据公式 $\lambda_g = \dfrac{\lambda}{\sqrt{1 - (\lambda / \lambda_c)^2}}$，可以得到谐振频率 $f_0 = \dfrac{\sqrt{\lambda_c^2 + \lambda_g^2}}{\lambda_g \cdot \lambda_c} c$，其中，$\lambda_c = 2a$，$a =$

22.86 mm，代入计算得到 $f_0 = 9.39$ GHz。

七、思考题

（1）本实验中谐振腔的作用是什么？腔长和微波频率的关系是什么？

（2）样品应位于什么位置？为什么？

（3）扫场电压的作用是什么？

（4）为保证测量小损耗材料 ΔH 的精确度，需要考虑哪些因素？

（5）铁磁共振、电子自旋共振与核磁共振之间有什么相同和不同之处？